MOND UND MENSCH

Die Geschichte einer besonderen Beziehung

BERND BRUNNER

MOND UND MENSCH

DIE GESCHICHTE EINER BESONDEREN BEZIEHUNG

at VERLAG

INHALT

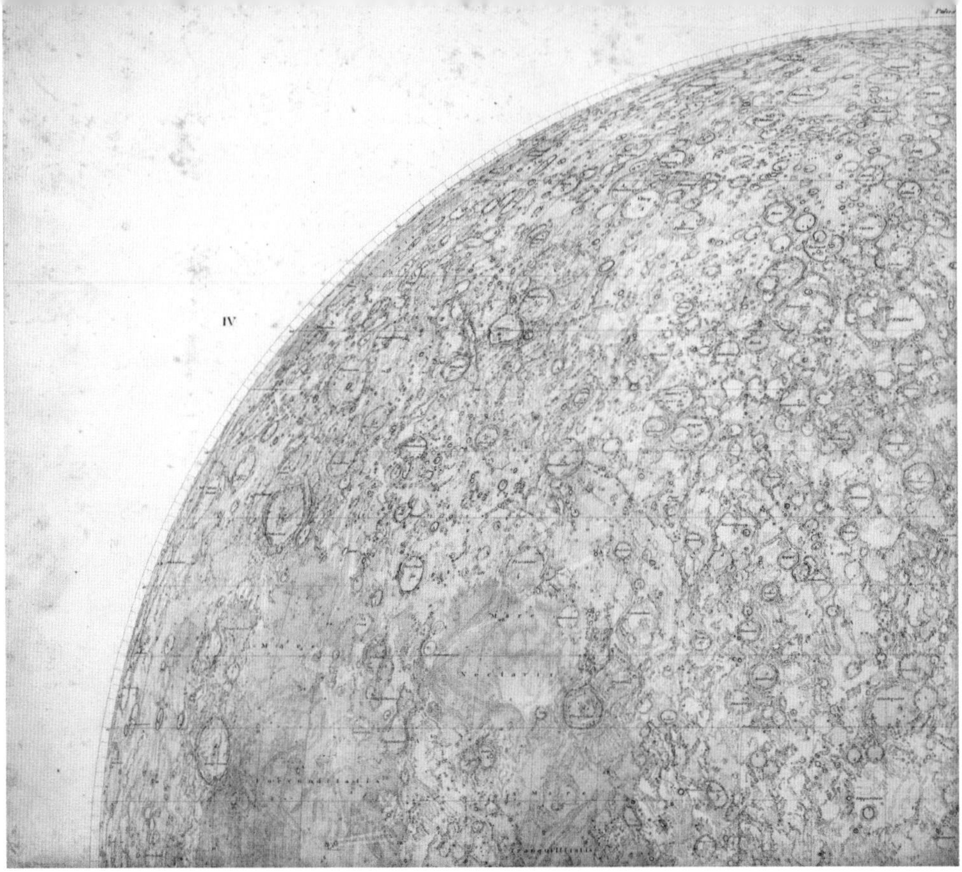
IV
Mare Foecunditatis
Mare Nectaris

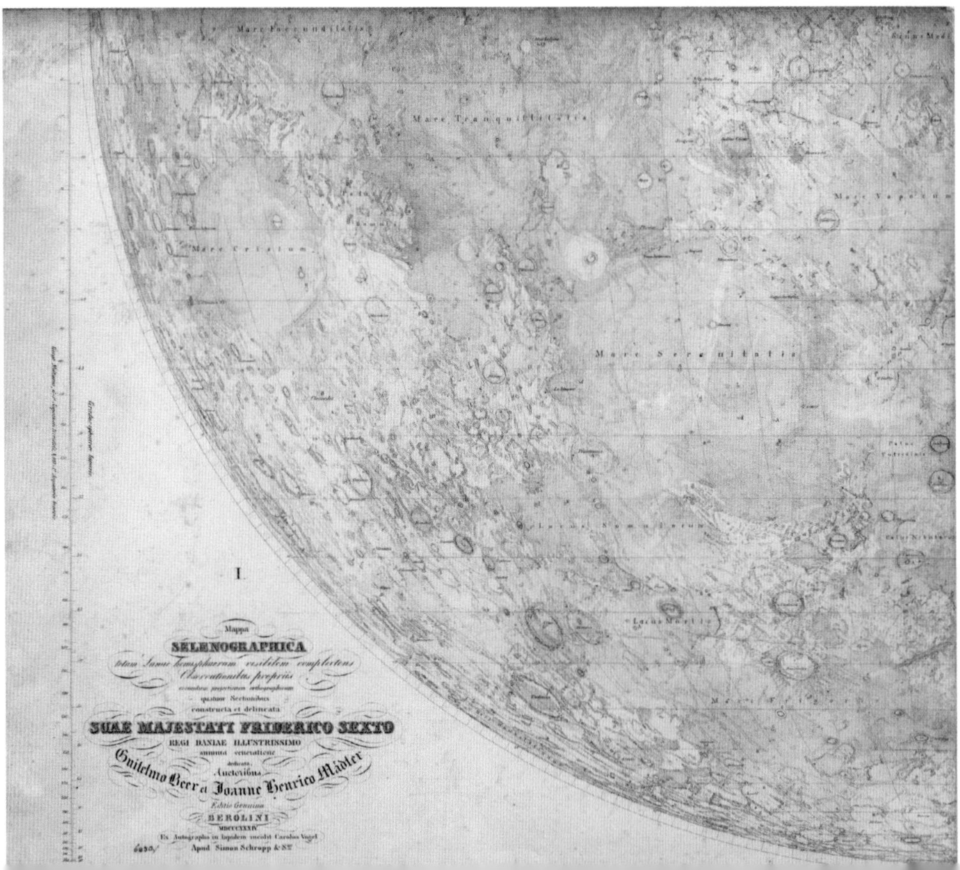
Mare Foecunditatis
Mare Tranquillitatis
Mare Crisium
Mare Vaporum
Mare Serenitatis
Locus Mortis
I.
Mappa
SELENOGRAPHICA
totam Lunae hemisphaeram visibilem complectens
Observationibus propriis
secundum projectionem orthographicam
quatuor Sectionibus
constructa et delineata
SUAE MAJESTATI FRIDERICO SEXTO
REGI DANIAE ILLUSTRISSIMO
summa veneratione
dedicata,
Auctoribus
Guilelmo Beer et Joanne Henrico Mädler
Editio Genuina
BEROLINI
MDCCCXXXIV
Ex Autographo in lapidem incidit Carolus Vogel
Apud Simon Schropp & S.

Mare
Nubium
Mare
Humorum
Oceanus
Procellarum

III

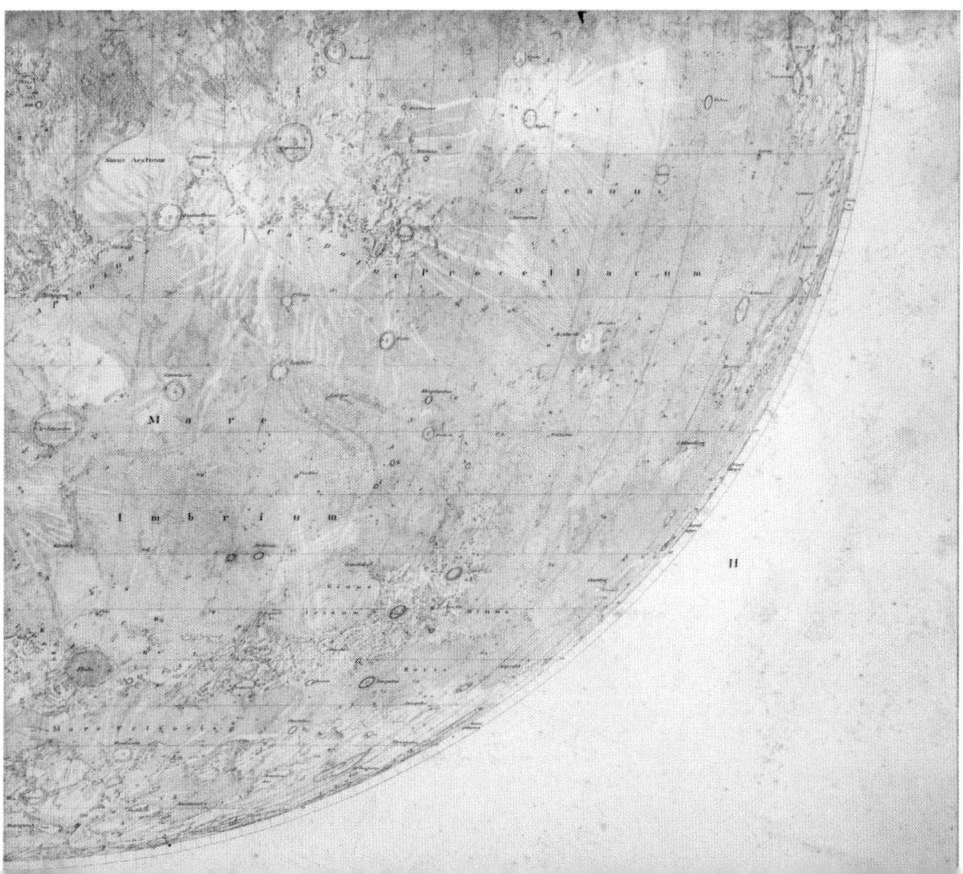
Sinus Aestuum
Oceanus
Procellarum
Mare
Imbrium
Mare Frigoris

II

Was wäre die Erde ohne den Mond?

Es war eine Zeit, wo man den Mond nur empfinden wollte,
jetzt will man ihn sehen.

Johann Wolfgang von Goethe

Licht und Wärme der Sonne sind unsere wichtigsten Energiequellen. Ohne sie würde die Temperatur unvorstellbar tief sinken, und die Oberfläche unseres Planeten wäre schnell von einer dicken Eiskruste bedeckt. Selbst Mikroorganismen könnten unter solchen Bedingungen nicht überleben. Wir verdanken der Sonne nicht nur das Vorhandensein der Erde und das Gleichgewicht, in dem wir uns durch ihre Anziehungskraft befinden – ohne sie ist unsere Welt schlicht undenkbar.

Doch was wäre die Erde ohne den Mond? Vielleicht meinen wir, dass das Fehlen dieses natürlichen Satelliten der Erde weniger dramatische Konsequenzen hätte, aber je besser wir verstehen, wie eng viele Prozesse auf der Erde mit dem Mond verflochten sind, desto vielschichtiger, ja beunruhigender wird dieser Gedanke. Indem er die besondere Neigung der Erdachse stabilisiert, bewirkt der Mond sowohl den Wechsel der Jahreszeiten als auch moderate Klimaschwankungen auf unserem Planeten. Ohne den Mond wäre die Erde ein völlig anderer Ort. Wie sie aussehen würde, ist im Detail schwer zu definieren, aber schon wenn wir uns die Erde mit verminderter Ebbe und Flut vorzustellen versuchen, bekommen wir eine Ahnung von der Rolle, die der Mond für unseren Planeten spielt. Vermutlich wäre ohne den Mond nicht einmal die Entstehung von Leben möglich gewesen, zumindest nicht in der Form, wie es heute existiert. Man denke an die bei Ebbe mit nur wenig Wasser gefüllten Gezeitentümpel am Meeresrand, die vor vielen Millionen Jahren beim Übergang des Lebens vom Meer auf das Land eine Rolle spielten.

Wie ist der Mond entstanden? Einer wahrscheinlicheren Theorie zufolge kollidierte ein Objekt von der Größe des Mars mit der Erde. Dabei wurden Massen von Material abgesprengt und herausgeschleudert, die sich im Laufe von Jahrmillionen zu dem verdichteten, woraus der Mond entstanden ist, wie an späterer Stelle noch erläutert wird. Wie würde unser Planet aussehen, wenn dieses Ereignis nicht stattgefunden hätte? Manche Wissenschaftler finden derartige Gedankenexperimente geradezu unwiderstehlich. So zieht der amerikanische Astronom und Physikprofessor Neil F. Comins einen Vergleich zwischen einer Erde, mit der sich kein solcher Aufprall ereignet hat – er nennt sie »Solon« –, und der Erde, wie wir sie kennen. Comins' Hypothesen zufolge würde »Solon« möglicherweise dreimal so schnell wie heute rotieren. Hohe Bäume und zarte, große Pflanzenblätter, so nimmt Comins an, könnten unter diesen Bedingungen kaum existieren, ebenso wenig wie empfindliche Tiere mit Flügeln oder langen Beinen. Menschenähnliche Wesen könnten auf ihr leben, wenn auch in anderer Gestalt. Obwohl das genaue Ausmaß seines Einflusses vermutlich kaum bestimmt werden kann, hatte der Mond neben der Sonne, unserer Atmosphäre, den Ozeanen sowie den mit uns lebenden Tieren und Pflanzen wesentlichen Anteil an unserer Entwicklung.

Die Geschichte des Mondes und der Erde sind also eng miteinander verbunden. Dennoch ist seine Rolle bei der Entstehung von Leben zunächst nur schwer mit dem Wissen in Einklang zu bringen, das wir über ihn besitzen. Unser Mond ist erst einmal nur ein lebloser, düsterer, oft trostlos wirkender Himmelskörper, der gerade ein Viertel der Größe, ein Einundachtzigstel der Masse und ein Sechstel der Schwerkraft der Erde besitzt. Ungefähr alle achtundzwanzig Tage dreht er sich einmal auf seiner Achse, was, verglichen mit der Erdumdrehung von vierundzwanzig Stunden, sich sehr langsam ausnimmt. Seine Oberfläche entspricht etwa der vierfachen Größe Europas. Da der Mond nur eine sogenannte Exosphäre aus Helium, Neon und Wasserstoff in sehr niedriger Konzentration aufweist, gibt es auf ihm keinen Schall, und die Temperatur auf seiner Oberfläche schwankt, weil die Sonnenwärme sich dort nicht halten kann.

Die Untersuchung des Mondes erlaubt uns einen Einblick in die Frühzeit des Sonnensystems. Die Position des Mondes im Verhältnis zur Erde hat sich im Laufe der Zeit verändert: Berechnungen zufolge war der Mond vor zwei Milliarden Jahren nur knapp 40 000 Kilometer von der Erde entfernt, umkreiste die Erde 3,7 Mal pro Tag und verursachte bis zu tausendmal stärkere Gezeiten, als wir sie in der Gegenwart beobachten. Heute beträgt sein Abstand zur Erde durchschnittlich knapp 384 500 Kilometer, was in etwa dem dreißigfachen Erddurchmesser entspricht. Seine Bewegung verlangsamt sich, und er entfernt sich von der Erde, sodass seine Bahn sich jedes Jahr um 3,8 Zentimeter (oder, auf zweitausend Jahre umgerechnet, um 76 Meter) erweitert.

Der Mond ist uns nicht nur physisch nah, sondern spielt auch eine zentrale Rolle in der menschlichen Vorstellungswelt. Das »Gesicht« des Mondes hat so unterschiedliche Gefühle wie Bewunderung, Trauer, Freude, ja Sehnsucht und unter bestimmten Bedingungen sogar Angst ausgelöst. Wir meinen, alles über ihn zu wissen, und doch entzieht er sich oft unserem Zugriff. Nah und doch fern, ist der Mond ein Paradox. Wenn wir ihn untersuchen, befassen wir uns zwangsläufig auch mit einem Teil von uns selbst.

Wäre die Erde immer in Wolken gehüllt gewesen, hätten die Himmelskörper nie die symbolhaften Bedeutungen angenommen, die sie heute für uns besitzen.

Aber da wir seit jeher beobachten können, wie der Mond jeden Monat zu- und abnimmt, verleihen wir dem Wandel von völliger Dunkelheit zu der leuchtenden, runden Scheibe des Vollmonds eine Bedeutung. Die relative Nähe des Erdtrabanten bringt uns auch dazu, darüber zu sinnieren, was sich »dort draußen« noch befinden könnte: Gibt es unter den fernen Sternen noch andere Welten, in fernen Galaxien? Existiert dort vielleicht eine Sphäre, die unserer ähnlich – oder womöglich ganz anders ist? Aufgrund seiner Nähe ist auch leicht nachvollziehbar, dass der Mond zum ersten Ziel der Raumfahrt wurde.

Über Jahrmillionen gab er Rätsel auf – *luna incognita*. Der griechische Tragödiendichter Aischylos sah in ihm »das Auge der Nacht«. Dem Satiriker Lukian von Samosata erschien der Mond besonders geheimnisvoll, sodass er seinen Helden Menippos sagen lässt: »Am meisten aber machte mir der Mond zu schaffen, dessen Eigenheiten mir ganz seltsam und unerklärlich vorkamen und dessen wechselnde Gestalten, so däuchte mir, irgendeine geheimnisvolle und unergründliche Ursache haben müssten.«

Lange Zeit wurde der Mond zu den sieben Planeten gezählt, von denen man meinte, dass sie die Erde umkreisen – neben Merkur, Venus, der Sonne, Mars, Jupiter und Saturn. Im 17. Jahrhundert, als man sich von der Vorstellung der Erde als Zentrum des Universums verabschiedete und das heliozentrische Weltbild des Universums immer mehr Anhänger gewann, verlor der Mond an Bedeutung. Außerdem erkannte man bald, dass die meisten der die Sonne umkreisenden Planeten einen oder mehrere Monde haben. Der Erdmond war somit sozusagen nur einer von vielen.

Dieses Buch bietet eine kurze Geschichte der Spuren, die der Mond in der menschlichen Vorstellung hinterlassen hat. Es soll zeigen, wie verschiedene Kulturen den Vorstellungen vom Mond Gestalt verliehen haben und wie sehr dieser den Ehrgeiz der Menschen zu weitreichenden Erfindungen beflügelt hat. Wie wurde der Mond dazu genutzt, der Zeit eine Struktur zu verleihen? Wie wurde die Herkunft und Entstehung des Mondes erklärt, und wie haben sich Wissenschaftler und Schriftsteller das Leben auf dem Mond vorgestellt? Warum behaupten manche Menschen immer noch, dass Mondlandungen nie stattgefunden haben und nur inszeniert wurden?

Die menschliche Auseinandersetzung mit dem Mond erstreckt sich von Beobachtungen in ferner Vergangenheit über die ersten imaginierten Mondreisen bis hin zum Apollo-Mondflugprogramm und darüber hinaus. Der Mond bietet ein nahezu unerschöpfliches imaginäres Reservoir.

Im Vollmondfieber

Sanft aus ewigem Gefilde,
Blickt sein Glanz, wie ein Gemüt,
Das sich selbst bezwang und milde
Nun in reinster Regung glüht.

Hermann von Lingg

Anders als die Sonne, die so hell strahlt, dass wir sie nicht mit bloßem Auge beobachten können, bietet sich der Mond zur Betrachtung geradezu an. Seinen Parcours am Himmel vollzieht er im Laufe ungefähr eines Monats, wobei sich seine Phasen dem Beobachter leichter erschließen als seine Bewegung. Am dritten Tag nach Neumond beginnt seine sichtbare Oberfläche, die Form einer Sichel anzunehmen, die früher oft mit einem Paar Hörner verglichen wurde. In der darauffolgenden Nacht steht er bereits etwas höher über dem westlichen Horizont und ist nicht mehr ganz so schmal. Im weiteren Verlauf des Monats wird er zu einem Halbmond. In den folgenden acht Tagen verstärkt sich sein Licht, bis er sich uns kreisförmig zeigt. Zur Vollmondzeit steht er der Sonne direkt gegenüber, sodass diese die der Erde zugewandte Oberfläche des Mondes beleuchtet. Danach durchläuft der Mond wieder dieselben Formen wie zuvor: von einem Oval bis zum Viertel – die Phasen des abnehmenden Mondes spiegeln jene des zunehmenden wider.

Während das letzte Viertel kleiner wird, nähert es sich immer mehr der Sichelform an. Am 27. Tag ist der Mond nur für kurze Zeit vor Sonnenaufgang sichtbar. Während der letzten Stunden der Dunkelheit kann man ihn noch erkennen, aber dann wird er schwächer. Er nähert sich der Sonne und verliert sich in ihren Strahlen. Obwohl man ihn kaum wahrnehmen kann oder ihn sogar auch einmal für eine Wolke halten mag, bleibt der Mond Teil des Himmels, am Tag wie in der Nacht. Zwei Tage lang zeigt er sich überhaupt nicht, weder tagsüber noch nachts – außer im Falle einer Sonnenfinsternis, wenn eine sehr schmale Sichel sichtbar bleibt.

Diese regelmäßig wiederkehrenden Phasen sind eine Folge der scheinbaren Bewegung des Mondes um die Erde, und die von der Erde aus sichtbare Form des Mondes verhält sich immer komplementär zu der Form der Erde, wie sie sich vom Mond aus zeigt. Der Mond bewegt sich auf seinem Weg etwa dreizehnmal schneller als die Sonne, sodass er die Entfernung, für die die Sonne ein volles Jahr benötigt, in vier Wochen zurücklegt.

Bei Vollmond kann man auf der Mondoberfläche keine Details erkennen, selbst die Berge werfen kaum einen Schatten. Tycho, der hellste und auffälligste, nach dem dänischen Astronom Tycho Brahe benannte Krater des Mondes, ist 85 Kilometer breit, fast fünf Kilometer tief und vermutlich nur 108 Millionen Jahre alt und damit zugleich der jüngste große Krater auf der uns zugewandten Seite. Er entstand lange bevor die ersten Menschen auf der Erde lebten, aber Dinosaurier gab es zu jener Zeit schon. Bei zunehmendem Mond kann man eine bemerkenswerte Veränderung der Erscheinung von Tycho beobachten: Ist er anfänglich nur ein großer, klaffender Krater, so wird er bei immer höherem Sonnenstand allmählich zum Mittelpunkt eines komplexen Strahlensystems, das sich Hunderte und Tausende Kilometer in seine Umgebung und über einen großen Teil der uns zugewandten Seite des Mondes erstreckt. Manche meinen, dass Tycho den Mond wie eine geschälte Orange aussehen lässt.

Lange vor der Erfindung des Teleskops haben sich Beobachter über das besondere Muster von helleren und dunkleren Regionen auf der Mondoberfläche den Kopf zerbrochen. Eine der ältesten Deutungen dürfte der Vergleich dieses Musters mit den Merkmalen eines menschlichen Gesichts sein – wobei die größten dunklen Flecken, die *maria* (lat. mare, Meer) als Augen, Augenbrauen, Nase, Wange und Lippen interpretiert wurden, die sich mit ein wenig Fantasie zu einem Antlitz fügen. Manchmal wurde das Muster auch so gedeutet, dass es die Züge einer Frau zeigt, deren Haarpracht über dem Kopf zusammengebunden ist. Auf die hellen und dunklen Flecken lässt sich ein ganzes Spektrum von Bildern projizieren: ob nun ein breit grinsendes Gesicht, ein Kaninchen mit langen Ohren, ein Krebs oder einen Mann, der von einem Hund begleitet wird, bis hin zum sprichwörtlichen »Mann im Mond«.

Zu den auffälligsten Phänomenen, die sich mit unserem Trabanten verbinden, zählen Mondauf- und -untergang. Beide sind beeindruckend, auch wenn sie keine mit dem Farbspiel eines Sonnenuntergangs vergleichbaren Erscheinungen bieten können, weil viel weniger Licht dabei im Spiel ist. Dafür erscheint der Mond, wenn er auf- oder untergeht, viel größer als sonst, zuweilen doppelt oder dreifach so groß, und die Häuser und Bäume in seiner Umgebung wirken kleiner. Sobald der Mond höher in den Himmel aufsteigt, verflüchtigt sich dieser Eindruck. Es gibt verschiedene Erklärungen für diese »Mondillusion«: Eine ist, dass die nahe Gegenüberstellung von Häusern oder Bäumen und dem hell erleuchteten Mond uns dazu verleitet, ihn als größer wahrzunehmen. Aber die Illusion könnte auch mit der geschätzten Entfernung des Mondes zu tun haben: Wenn dieser am Horizont steht, interpretiert unser Gehirn es so, als ob er uns näher sei, als wenn er sich direkt über uns befindet.

Ein weiteres Phänomen, das gelegentlich für Schlagzeilen sorgt, ist der sogenannte Supermond. Da sein Abstand zur Erde dann ungewöhnlich gering ist, steht der Mond besonders groß am Himmel und wirft auch deutlich mehr Licht auf die Erde. Ein solcher war zuletzt weltweit im Februar 2019 zu sehen, als der Mond nur 357 000 Kilometer von der Erde entfernt war.

So unglaublich es klingen mag: Als der französische Astronom Frédéric Petit, Direktor der Sternwarte von Toulouse, an einem Abend des Jahres 1846 durch sein Fernglas schaute, war er davon überzeugt, einen zweiten Erdmond mit einer elliptischen Umlaufbahn entdeckt zu haben. Jules Verne griff dieses Kuriosum zwei Jahrzehnte später in seinem Buch *Von der Erde zum Mond* auf. Leider lässt sich nicht mehr genau rekonstruieren, unter welchen Bedingungen Petit zu diesem Schluss kam, aber Tatsache ist, dass eine ganze Reihe von Astrologen nach ihm für sich in Anspruch nahm, einen zweiten oder sogar noch mehr Erdmonde entdeckt zu haben. Einer von ihnen war der Hamburger Georg Waltemath, der kurz vor dem Ende des 19. Jahrhunderts meinte, eine ganze Gruppe von Zwergmonden beobachtet zu haben. Zwei Jahrzehnte später gab der britische Autor Walter Gornold einem dunklen Mond, der angeblich nur sichtbar war, wenn er vor der Sonne vorbeizog, den Namen Lilith.

Die Mythen der Völker und die Geschichte sind voller Belege für die überwältigenden Empfindungen, die durch die Schönheit eines Vollmonds hervorgerufen wurden. Er war Kulisse für sakrale Ereignisse: Hochzeiten zwischen Göttern und Göttinnen, Krönungen und Ritualtänze. Von Siddharta Gautama, dem Begründer des Buddhismus, glaubt man, dass er bei Vollmond, unter einem Bodhi-Baum sitzend, die Erleuchtung erlangte.

In manchen Kulturen erlaubten Vollmondnächte Verhaltensweisen, die sonst gesellschaftlich nicht akzeptiert waren. Die Chuckchee-Schamanen aus Nordostsibirien sollen sich unbekleidet dem Mondlicht ausgesetzt haben, um magische Kräfte zu erlangen. Zwar ist die Behauptung des schwedischen Religionshistorikers Martin P. Nilsson, dass »halb Afrika im Licht der Vollmondnächte tanzt«, schwerlich für bare Münze zu nehmen, andererseits ist bezeugt, dass die Jungen und Mädchen der Shona, einer im heutigen Simbabwe beheimateten Volksgruppe, sich gerne im Schein des Vollmonds zum Klang von Trommeln und Rasseln bewegen.

Dagegen war die Abwesenheit des Mondes vom Himmel häufig von der Angst begleitet, dass er »sterben« und nie wieder zurückkehren würde. Die Azteken glaubten, dass sie bei dunklem Mond den Tod erkennen könnten. Manchmal galt der Neumond als Übergangsphase, als Zeit, in der man den Mond durch Gebete zur Rückkehr zu bewegen versuchte. Wenn die silberne Scheibe schließlich am Firmament auftauchte, wurde sie freudig begrüßt.

Das Wort »Eklipse«, das eine Mond- oder Sonnenfinsternis beschreibt, geht zurück auf den griechischen Begriff *ekleipsis*, der »Überlagerung« oder »Auslöschung« bedeutet. Eine völlige Sonnenfinsternis zählt zu den am meisten beeindruckenden

Naturbeobachtungen. Sie ereignet sich, wenn der Mond zwischen Erde und Sonne steht und dabei mehr oder weniger die Sonne verdeckt. Das Phänomen, das länger als sieben Minuten dauern kann, ist nur möglich, weil die Sonne - obwohl vierhundertmal größer als der Mond - zugleich vierhundertmal so weit von der Erde entfernt ist. Diese Art der Finsternis ist nur in dem Teil der Erdoberfläche sichtbar, der im Mondschatten liegt. Im Gegensatz dazu zeigt sich eine Mondfinsternis, wenn die Erde sich zwischen Sonne und Mond bewegt, über mehrere Stunden hinweg und kann von jedem Punkt der Erde aus beobachtet werden, an dem der Mond sich zu diesem Zeitpunkt oberhalb des Horizonts befindet.

Wenn ein Vollmond plötzlich blutrot wird oder ganz verschwindet, wurde das früher oft als Aufhebung der Ordnung gedeutet - ein Phänomen, das die Menschen mit Angst erfüllte. Von den Massai in Ostafrika wird berichtet, dass sie während einer Mondfinsternis Sand in die Luft schleuderten. Manche Indianervölker sollen mit Töpfen und Pfannen gescheppert oder brennende Pfeile in Richtung Mond abgeschossen haben, um den Räuber zu töten, der dem Mond das Licht stiehlt. Eine Mondfinsternis konnte auch, wie der italienische Mittelalterhistoriker Vito Fumagalli in *Wenn sich der Himmel verdunkelt - Lebensgefühl im Mittelalter* schreibt, eine »ängstlich-unterwürfige Haltung gegenüber den Naturkräften« hervorrufen: »Verdunkelte sich der Mond bei einer Mondfinsternis, dann halfen die Bauern ihm, sich wieder zu erholen, indem sie aus vollen Kräften die Trompete bliesen und Schellen schwangen. Sie fürchteten, mit dem Verlöschen des Gestirns, das alles tierische und pflanzliche Leben lenkte, würde auch dieses aufhören.«

Was passiert dagegen, wenn der Mond sich vor die Sonne schiebt? In den Minuten, die einer völligen Sonnenfinsternis vorausgehen, wenn das Sonnenlicht nur noch vom Rand des Himmelskörpers hervorstrahlt, treten die Schatten auf der Erde deutlicher hervor. Die Temperatur fällt, ein leichter Wind kommt auf, und kurz vor der eigentlichen Finsternis zeigen sich auf dem Boden manchmal schimmernde Streifenmuster. Sie werden auch als »fliegende Schatten« bezeichnet und ergeben sich aus Brechungsunterschieden des Lichts in der Luft. Diese Muster changieren entsprechend der Bewegung der Luftströme. Während der eigentlichen Sonnenfinsternis nimmt alles eine ungewohnte und unvergessliche Blässe an, die oft als olivgrün mit Kupferschattierung beschrieben wird.

Der französisch-katalanische Astronom François Arago schilderte die Gefühle der Beobachter einer Sonnenfinsternis in den östlichen Pyrenäen am 8. Juli 1842. Beinahe zwanzigtausend, mit verdunkelten Gläsern versehene Menschen hatten sich versammelt, um diesem Naturereignis beizuwohnen: »Als die Sonne, auf einen schmalen Saum beschränkt, auf unseren Horizont nur ein schwaches Licht spendete, bemächtigte sich eine Art Besorgnis der Menge. Jedermann fühlte das Bedürfnis, seine Eindrücke denjenigen mitzuteilen, die um ihn standen; von daher ein dumpfes Brausen, ähnlich dem fernen Meer nach einem Gewitter. Die Unruhe wurde in dem Maße stärker, als die Sonnensichel schwächer wurde. Endlich verschwand die Sichel. Finsternis folgte sofort der Tageshelle, und eine totale Stille bezeichnete diese Phase der Sonnenfinsternis ebenso genau, als es unsere astronomische Uhr getan hatte ... Tiefe Stille herrschte in der Luft; die Vögel waren verstummt. Nach etwa zwei Minuten feierlichen Wartens begrüßten Freudenausbrüche, frenetische Beifallsbezeugungen das Wiedererscheinen der ersten Sonnenstrahlen.«

Der Beschreibung des französischen Astronomen und Autors Camille Flammarion zufolge konnte man in Afrika (den genauen Ort und das Land lässt er offen) am 18. Juli 1860 Frauen und Männer dabei beobachten, wie sie beteten oder zu ihren Häusern liefen: »Man sah auch ihre Tiere sich den Dörfern zudrängen, wie bei Beginn der Nacht, die Enten sich zu Gruppen zusammendrängen, die Schwalben zu den Häusern fliegen, die Schmetterlinge sich verbergen, die Blumen und namentlich die *Hibiscus africanus* ihre Kelche schließen.«

Kundige konnten ihr Wissen über eine bevorstehende Mondfinsternis nutzen, um ihre eigene Glaubwürdigkeit zu stärken. Als Christoph Kolumbus zum vierten Mal in die Neue Welt reiste, durchlöcherten Würmer die Planken seines Schiffes, und es drohte zu sinken. Er musste in St. Anne's Bay auf Jamaika vor Anker gehen, um es reparieren zu lassen, und steckte mehr als ein Jahr dort fest, weil die Einheimischen sich – aus welchen Gründen auch immer – weigerten, den Europäern zu helfen. Schließlich kam er auf eine Idee, wie er sie überlisten könne. Nachdem er für den 29. Februar 1504 eine völlige Mondfinsternis berechnet hatte, berief er für den Vorabend eine Versammlung der Häuptlinge ein, flehte den Allmächtigen an und warnte davor, dass der Mond vom Himmel verschwände, sollten die Einheimischen nicht mit ihm zusammenarbeiten. Als sich das Ereignis wirklich einstellte, baten die völlig verängstigten Inselbewohner Kolumbus darum, den Mond wieder zurückzuholen. Sie erklärten sich auch bereit, seine Besatzung fortan mit Nahrungsmitteln zu versorgen, und boten ihre Unterstützung bei der Reparatur an. Kolumbus hatte sein Ziel erreicht.

Da die Umlaufbahnen von Sonne, Mond und Erde sehr genau erforscht sind, ist es möglich, Finsternisse für Tausende von Jahren vorauszusagen und auch in die Vergangenheit zurückzurechnen. Der österreichische Astronom und Mathematiker Theodor von Oppolzer stellte in seinem *Kanon der Finsternisse* (1887) für die Zeit von 1200 v. Chr. bis zum Jahr 2161 ganze 8000 Sonnen- und 5200 Mondfinsternisse zusammen.

Wenn man im Englischen sagt, dass etwas »once in a blue moon« passiert, bedeutet das, dass es sehr selten oder »alle Jubeljahre« einmal geschieht. Die

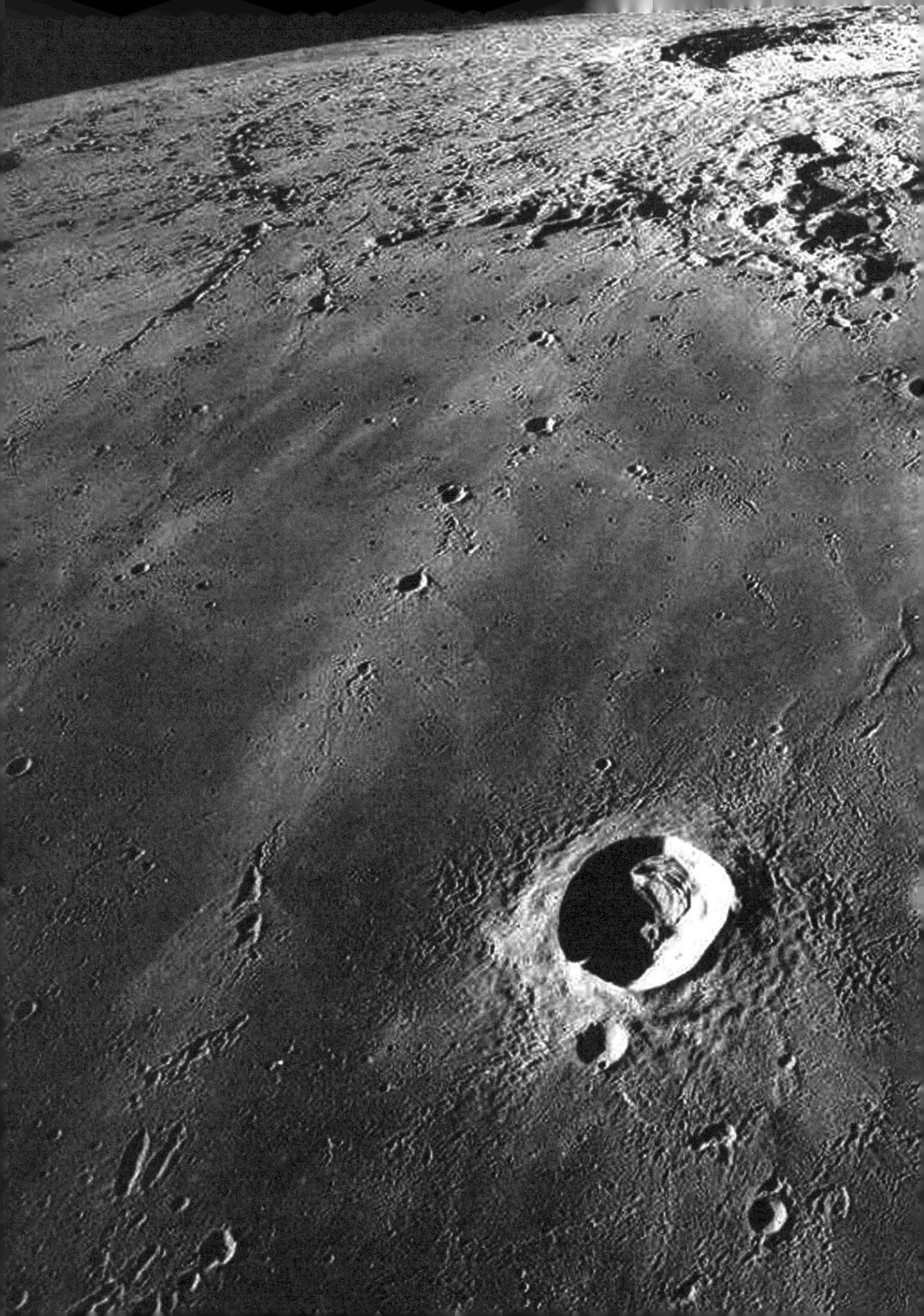

eigentliche astronomische Bedeutung des »blauen Mondes« ist, dass es innerhalb eines Monats einen zweiten Vollmond gibt – ein sporadisches Phänomen, das im Durchschnitt etwa alle zweieinhalb Jahre auftritt. Unabhängig davon kann ein Mond im wahrsten Sinne des Wortes bläulich gefärbt erscheinen, und zwar, wenn die Erdatmosphäre eine hohe Konzentration an sehr kleinen Rauch- oder Staubpartikeln aufweist. Ihre Größe muss ungefähr ein Mikrometer betragen, also den tausendsten Teil eines Millimeters, dann zerstreuen sie rotes Licht, lassen aber die anderen Farben passieren. Weiße Mondstrahlen, die den Weg durch solche Verdichtungen kleiner Partikel finden, werden als blau und manchmal auch als grün wahrgenommen. Dieses Phänomen wurde als elektrisches Leuchten beschrieben. Als 1883 der indonesische Vulkan Krakatoa ausbrach, stiegen Aschewolken hoch in die Atmosphäre mit dem Ergebnis, dass der Mond etwa zwei Jahre lang blau erschien. Auch Waldbrände können diesen Effekt auslösen.

Zu den noch selteneren visuellen Effekten, die sich mit dem Mond verbinden, zählen Mondregenbögen. Obwohl sie auf dieselbe Ursache zurückgehen wie Regenbögen bei Sonne – das Licht wird durch Regentropfen gebrochen –, sind die des Mondes viel schwächer ausgeprägt und weniger stark gefärbt. 1938 beobachtete der Geograf Armin Kohl Lobeck: »Stürmische Passatwindwolken türmten sich bis in gigantische Höhen und der Regen fiel in Sturmböen. Gegen elf Uhr, als der Mond schon recht weit oben am südöstlichen Himmel stand, erschien ein Regenbogen im Nordwesten, wo sich gerade ein Gewitter zusammenbraute. Die Farben des Prismas waren nur schwach erkennbar, aber der Bogen war vollständig, beide Enden tauchten ins Meer.«

Eine sogenannte lunare Korona oder ein Mondhof kann entstehen, wenn das Licht sich an den Wasserpartikeln der Wolken bricht; dann ist eine weiße Scheibe mit rötlichem Rand zu sehen, die den Mond umgibt. Sind Eiskristalle der oberen Atmosphäre im Spiel, an denen sich das Licht brechen kann, so zeigt sich unter bestimmten Bedingungen ein sogenannter Mond-Halo, ein Lichteffekt mit einem großen, farbigen Kreis, der den Mond umgibt. Ebenfalls durch Eiskristalle in der Atmosphäre können Mondsäulen erscheinen, wenn der Mond in der Nähe des Horizonts auf- oder untergeht. Es handelt sich um einen blassen Schaft aus reflektiertem Licht ober- und unterhalb des Mondes.

Wenden wir unseren Blick nun auf den Mond selbst. Etliche Mondbetrachter haben behauptet, beim Blick durchs Teleskop rotes Leuchten, Lichtblitze, Nebelschleier, Verdunkelungen, vorübergehende Verfärbungen der Mondoberfläche oder Schatteneffekte gesehen zu haben. Beschreibungen solcher meist nur kurzzeitigen Phänomene reichen weit in die Vergangenheit zurück. Etliche sind eher zweifelhafter Natur, manche wurden jedoch sogar von mehreren renommierten Wissenschaftlern unabhängig voneinander bezeugt. Vorübergehende Mondphänomene (kurz LTPs, Lunar Transient Phenomena) werden besonders in der Umgebung des Kraters Aristarchus beobachtet. Monderkundungen haben dort ein häufigeres Auftreten von Alphateilchen festgestellt, das auf die Ausstrahlung von Radon-222 aus dem Krater Aristarchus zurückgeführt werden kann – möglicherweise die Ursache der beobachteten Lichtphänomene. LTPs sind schwer auf ihren Wahrheitsgehalt zu überprüfen, zumal sie nicht reproduziert werden können. Folglich finden nur wenige dieser Beobachtungen ihren Weg in wissenschaftliche Publikationen, viele lassen sich zudem auf Faktoren in der Erdatmosphäre zurückführen. Um wirklich als Mondphänomen gelten zu können, müsste ein solcher Vorfall von zwei verschiedenen Orten und im selben Moment beobachtet werden. Für etwas, das nicht vorhergesagt werden kann, ist das eine schwer zu lösende Aufgabe.

Während den LTPs also zwangsläufig Zweifel anhaften, sind Einschläge von kleinen Meteoriten eindeutig nachzuweisen; sie kommen auf der Mondoberfläche kontinuierlich vor. Da es keine Atmosphäre gibt, werden diese Körper nicht einmal abgebremst. Durch das Auftreffen hervorgerufene Blitze konnten gleichzeitig von mehreren Standorten auf der Erde aus beobachtet werden.

In eine andere Kategorie gehören »Beobachtungen« von Lebensformen auf dem Mond. Die Vermutung, auf dem Mond gebe es Leben, geistert seit Jahrhunderten in den Köpfen der Menschheit. Der englische Geistliche John Wilkins war einer der ersten modernen Wissenschaftler, der diese Sichtweise öffentlich vertrat. »Es ist wahrscheinlich, dass es Bewohner in dieser anderen Welt gibt«, schrieb Wilkins in *Die Entdeckung einer Welt im Mond* (1638), »aber welcher Art sie sind, ist ungewiss.« Der deutsche Astronom Johann Hieronymus Schröter war davon überzeugt, dass jeder Himmelskörper von Gott so geschaffen sei, dass er lebendige Kreaturen beherbergen könne. Farbveränderungen auf dem Mond schrieb er der Bewirtschaftung dieser Zonen zu und meinte sogar, Brennöfen oder Fabriken der Mondbewohner erkannt zu haben. Unter den »Proseleniten« war auch der exzentrische, nach England ausgewanderte William (Wilhelm) Herschel, der in seinem 1780 in der Zeitschrift der Royal Society in London veröffentlichten Aufsatz »Anmerkungen über die Berge auf dem Mond« behauptete, durch sein großes Teleskop »Wälder« auf der Oberfläche beobachtet zu haben, und darauf bestand, dass die Bewohnbarkeit eine beinahe sichere Angelegenheit sei. Als eine der gewagtesten Äußerungen über das Verhältnis von Mond und Erde kann Herschels Satz gelten: »Vielleicht – und das scheint gar nicht so unwahrscheinlich – ist der Mond der Planet und die Erde der Satellit! Sind wir für den Mond nicht ein größerer Mond, als er für uns ist?« Herschel ließ auch keinen Zweifel daran, dass er selbst es vorziehen würde, auf dem Mond zu leben.

Früheren Beobachtern war aufgefallen, dass sich vom Mond verdunkelte Himmelskörper in ihrer Form oder Farbe nicht verändern, wenn sie in die Sichtlinie des Mondes eintreten oder sich aus ihr herausbewegen. Es gab also keinen Anhaltspunkt für eine Atmosphäre. Wie sollte dort Leben existieren können? Der Gedanke an Leben auf dem Mond wurde weiter gepflegt, obwohl alle bekannten Fakten dagegen sprachen. Selbst für Wissenschaftler behielt er eine gewisse Faszination. Ein bemerkenswerter Fall unter den Mondbeobachtern mit besonders lebendiger Vorstellungskraft ist Franz von Paula Gruithuisen, ein bayerischer Arzt, der sich als Pionier einer Methode zur Entfernung von Blasensteinen einen Namen gemacht hatte, bevor er Astronomieprofessor wurde. Obwohl er sich der unterschiedlichen Temperatur- und Schwerkraftverhältnisse auf dem Mond bewusst war, behauptete er in einem im Jahre 1824 veröffentlichten Artikel mit dem Titel »Entdeckung vieler deutlicher Spuren der Mondbewohner, besonders eines kolossalen Kunstgebäudes derselben«, mithilfe seines Teleskops zahlreiche Farbveränderungen der dünnen Mondatmosphäre beobachtet zu haben, selbst »Wolken und Nebel, welche sich auf dem Boden des Mondes bald hie bald dort ausbreiten, ihn warm halten, damit das, was wachsen sollte, viel eher damit anfangen könne, als an andern Teilen der Mondoberfläche«. Davon überzeugt, dass Pflanzen dort viel schneller reifen könnten, schrieb Gruithuisen: »Manche Pflanze, z.B. Kresse, würde unter diesen Umständen auch im Monde aufgehen, blühen und Früchte tragen, aus welchen Letztern ein sehr gutes Öl bereitet werden kann.« Er war geradezu fixiert auf die Idee fortgeschrittenen Lebens auf dem Mond und verfolgte auch noch die geringste Spur jedes denkbaren Belegs für »verständige Mondbewohner«. Da er davon ausging, dass sich durch die extrem dünne Luft des Mondes auf der Oberfläche nur wenig Wärme hält (wie wir heute wissen, kann die Temperatur mittags auf über 100 Grad Celsius steigen), vermutete er, dass der Mondbewohner freistehende Gebäude nicht heizen könnte und deswegen im Monduntergrund lebte, wo er nicht einmal Heizung benötigte, »wenn man ihm auch gleich die Fähigkeit, Feuer zu machen, und sich im Falle der Not einzuheizen nicht absprechen kann«. Doch damit nicht genug: Im Widerspruch zu seiner Annahme unterirdischen Lebens meinte Gruithuisen sogar, eine regelrechte Stadt mit einem sternförmigen Tempel gesehen zu haben. Das aschfarbene Licht, das er wahrgenommen hatte, führte er auf Feuer zurück, die entzündet wurden, um Regierungswechsel oder religiöse Feste feierlich zu begehen. Er spekulierte, dass Wissenschaftler – die entsprechenden technischen Mittel vorausgesetzt – einmal in der Lage sein würden, sehr viel mehr Einzelheiten des Lebens dieser erstaunlichen Seleniten zu erkennen: »Mit Zwergeninstrumenten kann man aber nur Zwergenschritte machen, und nur mit Rieseninstrumenten kann es gelingen, hier Riesenschritte zu tun, wenn es am

Fleiße nicht gebricht.« Gruithuisens »Entdeckungen« verschreckten selbst jene Zeitgenossen, die die Hoffnung auf Leben auf dem Mond nicht ganz aufgeben wollten. Aber immerhin erwiesen sie sich offenbar als hilfreich für seine Berufung zum Professor für Astronomie an der Münchner Universität. Und sie nährten seinen Ehrgeiz, Kontakt mit den Mondbewohnern aufzunehmen. Weil er ihnen mathematisches Verständnis zuschrieb, trat er für den Bau eines riesigen geometrischen Gebildes in Sibirien ein, das ihre Aufmerksamkeit erregen sollte. Man mag bedauern, dass dieses Projekt nie verwirklicht wurde.

Obwohl immer mehr angesehene Astronomen Leben auf dem Mond ausschlossen, verschwanden Spekulationen, dass es dort *irgendeine* Art von Leben geben könnte, nicht einfach über Nacht; die populäre Vorstellung folgte in diesem Punkt ihren eigenen Gesetzen. Selbst als das 20. Jahrhundert näher rückte, hielt Camille Flammarion noch an seinem Glauben an Leben auf dem Mond fest. Sich der eingeschränkten Möglichkeiten seines Teleskops durchaus bewusst, schrieb er: »Was nun, frage ich, lässt sich auf eine solche Distanz unterscheiden, erkennen? Das Auftauchen oder Verschwinden der Pyramiden Ägyptens würde dabei wahrscheinlich unbemerkt bleiben.« Von seinen Ballonreisen her wusste er, dass ein Reisender von einem fremden Planeten aus einer gewissen Entfernung vermutlich kein Leben auf der Erde vermuten würde. »Wenn demnach die Erde, auf nur einige Kilometer Entfernung gesehen, schon als eine ausgestorbene Welt erscheint, wie groß ist dann nicht die menschliche Täuschung zu behaupten, der Mond sei wahrhaftig eine leblose Welt, weil auf 100 und mehr Kilometer gesehen er es zu sein scheint«, schrieb er in seiner *Himmels-Kunde für das Volk* (1907, das französische Original war schon 1896 erschienen). Er ging damals davon aus, dass man selbst unter Einsatz des leistungsfähigsten Teleskops keine Lebenszeichen auf dem Mond erkennen würde. Und obwohl Flammarion die sehr unterschiedlichen klimatischen Bedingungen auf Erde und Mond durchaus klar waren, ließ er sich lange Zeit nicht davon abbringen, die gelegentlichen »Dünste, Nebel, Dämpfe oder Rauchwolken«, die er auf dem Mond beobachtet hatte, irgendwelchen Wesen zuzurechnen. Doch allmählich wuchs auch bei ihm die Einsicht, und er gab sich mit der Vorstellung einfacherer Lebensformen zufrieden. »Warum voraussetzen, es gebe auf diesem kleinen Weltkörper keine Vegetation, die mehr oder weniger derjenigen vergleichbar wäre, welche den unsrigen schmückt?«, fragte er. »Dichte Wälder wie diejenigen Zentralafrikas und Südamerikas, könnten ausgedehnte Landstriche bedecken, ohne dass wir sie zu erkennen vermöchten. Es gibt auf dem Mond weder Frühling noch Herbst, und wir können uns nicht verlassen auf die Farbveränderungen unserer nördlichen Pflanzen, auf das Grün des Lenzes, noch auf den Fall der gelben Blätter im Oktober, um uns einseitig einzubilden, die Mondvegetation müsse entweder das gleiche Aussehen bieten oder nicht vorhanden sein ... Gibt es auf dem Mond unseren Pflanzen ähnliche Gewächse, wenn solche vorkommen, sind sie grün?«

Im 20. Jahrhundert erging sich nur noch eine kleine Gruppe verbissener Mondbeobachter in Spekulationen über Leben auf dem Mond – selbst in vergleichsweise rudimentären Formen. Der amerikanische Astronom William Henry Pickering war davon überzeugt, bei den mehr oder weniger deutlich umrissenen weißen, über die Mondoberfläche verteilten Flecken handle es sich um Eisfelder, und er behauptete sogar, Schneestürme in der Nähe des Mons Pico und Blizzards nördlich des Kraters Konon, nahe dem höchstgelegenen Teil des Mond-Apennins, beobachtet zu haben. In einigen Phasen des Mondtages erblickte er im Zentrum des Kraters Grimaldi eine grünliche Färbung, die er für Vegetation zu halten geneigt war. Und Pickering stellte die absurde Hypothese auf, dass die Veränderung des Erscheinungsbildes der Mondoberfläche – er meinte Bewegungen kleiner dunkler Felder – auf »Mondinsekten« zurückzuführen sei. Er verstieg sich sogar dazu, ihre Größe zu beschreiben: ähnlich den tropischen roten Ameisen, aber nicht größer als die Heuschrecken, die bekannt dafür sind, ganze Ernten zu vernichten. Angesichts der unterschiedlichen Bedingungen auf der Erde und auf dem Mond ging Pickering allerdings davon aus, dass sie keine Ähnlichkeit mit den uns bekannten Tieren aufweisen würden.

Noch im Jahr 1960 fragte der Astronomie-Autor Axel Firsoff: »Ist der Mond ein Museumsstück aus einer geologisch weit zurückliegenden Zeit, das im Vakuum des Weltalls wie in einem beschrifteten Glaskasten erhalten geblieben ist? ... Konnte Leben vielleicht in dieser Welt, die uns begleitet, Fuß fassen?« Mit an Besessenheit grenzendem Enthusiasmus versuchte Firsoff noch einmal, der längst überholten Vorstellung neues Leben einzuhauchen, dass es Pflanzen oder sogar Lebewesen auf dem Mond geben könnte. Er hielt es für wahrscheinlich, dass der Mond eine Atmosphäre aus Wasserdampf, Kohlendioxid und »schweren Dämpfen« aus »flüchtigen Substanzen« aufweise, die sich wie »abgeschlossene Aquarien innerhalb ummauerter Einschlüsse, Klüfte und Höhlen in den abgesenkten Teilen der Maria und anderer, weniger klar umrissener vulkanischer Regionen« ausbreiten. Um seine ungewöhnliche Einschätzung zu rechtfertigen, erinnerte Firsoff daran, dass die Erdatmosphäre früher anders zusammengesetzt gewesen sei und die Tiere folglich an diese Bedingungen angepasste Atemorgane gehabt haben müssten – wie das etwa bei Tiefseefischen der Fall ist, die selbst in völliger Dunkelheit und unter hohem Druck überlebensfähig sind. Er glaubte, dass die Temperaturschwankungen auf der Mondoberfläche dem Leben nicht im Wege stünden, und wies darauf hin, dass Flechten und Rädertierchen, entfernte Verwandte der Spinnentiere, weit unter dem Gefrierpunkt überleben können und dass, am anderen Ende des

Spektrums, selbst der trockene Saharasand voller Mikroben sei und einige Einzeller sogar in kochend heißen Quellen existieren könnten. Firsoff spekulierte, dass »lebenswichtige Teile mehrjähriger Pflanzen im Untergrund verborgen sind«, und ging davon aus, dass »Mondpflanzen entweder gar nicht oder nur in geringem Maße von atmosphärischen Luftbestandteilen abhängig sind und ihre Bedürfnisse aus dem tiefliegenden Gasmorast befriedigen und nur darüber hinaus lediglich die Energie aus den Sonnenstrahlen aufnehmen, die für die Fotosynthese oder ähnliche Prozesse erforderlich ist«.

Im Jahre 1968 sah sich Arthur C. Clarke, einer der großen Weltraumvisionäre, zu der folgenden Spekulation veranlasst: »Wenn es jemals Ansätze für Leben auf dem Mond gegeben hat - vielleicht in einem schon lange verschwundenen Mondsee –, ist es vielleicht immer noch da. Jeder kompetente Biologe könnte eine ganze Menagerie denkbarer Seleniten entwerfen, das Vorhandensein einiger Grundelemente auf oder unter der Mondoberfläche einmal angenommen.« Wie Firsoff zog Clarke das Beispiel der Wüsten im Südwesten der USA heran, denen man aus der Luft gesehen jegliches Leben absprechen würde, die bei genauerer Beobachtung, besonders bei Nacht, aber vor Leben geradezu strotzen, wie Walt Disneys Dokumentarfilm *Die Wüste lebt* eindrucksvoll gezeigt hatte. Auch wenn einige hartnäckige Anhänger solcher Ideen Clarkes Bemerkungen zu ihrer Entstehungszeit noch bereitwillig aufnahmen, waren sie ihrer Illusionen plötzlich beraubt, als Menschen ein Jahr später den Mond betraten.

Der Mond unserer Vorstellungswelt

Ach! Könnten wir doch auf einen Stuhl steigen
und unser Ohr fest an den Mond pressen!
Was er uns nicht alles sagen würde!

Jules Renard

Neue Entdeckungen und Ereignisse bereichern unser Verständnis des Mondes. Jede Generation und jede Kultur hat eine mehr oder weniger kollektive Wahrnehmung davon, was der Mond bedeutet und symbolisiert. Und jeder Versuch, diese Bedeutungen zu einem bestimmten Zeitpunkt zu rekonstruieren, erinnert uns daran, dass wir »uns nicht nur unbeantworteten Fragen gegenüber sehen«, wie es die Wissenschaftshistoriker Stephen Toulmin und June Goodfield einmal in *The Fabric of the Heavens* (Der Stoff, aus dem der Himmel gemacht ist, 1961) ausgedrückt haben, »sondern noch nicht einmal formulierten Fragestellungen sowie Objekten und Ereignissen, die noch in keine Ordnung gebracht, geschweige denn verstanden worden sind«. Folgt man dieser Sichtweise, gibt es nicht nur einen Mond, sondern viele verschiedene – je nachdem, was man über ihn wusste. Um eine Ahnung davon zu bekommen, wie Menschen früherer Zeiten über den Mond gedacht haben, müssen wir für einen Moment all das ausblenden, was wir schon über ihn wissen.

Wo anfangen, wenn man nichts voraussetzt? Stellen wir uns Mond und Sonne vor, die beiden hellsten Objekte am Himmel. Wenn man ihren Weg am Himmel über den Verlauf von Tag und Nacht verfolgt, könnte man meinen, die Sonne werde vom Mond abgelöst. Es überrascht also kaum, dass Mond und Sonne Kernelemente der frühen Religionen gewesen sind – und in vielen, soweit wir das heute rekonstruieren können, für die wichtigsten Gottheiten gehalten wurden. Wie wurde das Verhältnis zwischen diesen beiden auffälligsten Akteuren am Himmel verstanden? Über Kulturgrenzen hinweg dachte man sie sich in alten Erzählungen oft in menschlichen Begrifflichkeiten: als Bruder und Schwester oder als schlecht zusammenpassendes Ehepaar, das fortwährend streitet. Im Rigveda, einem viertausend Jahre alten heiligen Hindu-Text, gibt es ein Loblied auf die Hochzeit des Mondgottes mit der Sonnengöttin. In der Provence des Mittelalters, bei den Juden von Avignon, galt der Mond als beschmutzte oder böse Sonne. In einigen Kulturen, besonders in wärmeren Weltregionen wie in Indien, Mesopotamien und Ägypten, wo die Sonne eher als feindliche denn als lebensspendende Kraft verstanden wurde, kam dem Mond als Objekt der Bewunderung und Anbetung eine mindestens ebenso wichtige Rolle zu wie der Sonne. In gemäßigten Breitengraden dagegen schien den Menschen früh klar gewesen zu sein, dass die Wärme der Sonne der wichtigste Faktor für Pflanzenwachstum und den Wechsel der Jahreszeiten war; hier wurde der Mond häufiger mit Kälte und Dunkelheit in Verbindung gebracht. Sowohl Wissenschaft als auch Religion trugen im Laufe der Zeit dazu bei, dass die Sonne für wichtiger gehalten wurde als der Mond: Astronomen fanden heraus, dass Mondlicht nur reflektiertes Sonnenlicht war, und das Christentum brachte den Glauben an einen transzendenten Gott mit sich, der als das »wahre Licht«, »die Sonne der Gerechtigkeit« symbolisiert wurde. Trotz dieser Verschiebung schien der Mond dem menschlichen Maß eher zu entsprechen als die Sonne mit ihrer enormen Strahlkraft.

Von den Deutungen der Mondoberfläche als Gesicht ist es nur ein kleiner Schritt zu den damit verbundenen Geschichten. Eine deutsche Sage erzählt von einem Mann, der an einem Sonntag zum Holzsammeln in den Wald ging, obwohl dieser Tag der Muße vorbehalten war. Als Strafe wurde er auf den Mond geschickt und ist nun seither immer dort sichtbar, als Warnung für andere Menschen, die Feiertagsruhe zu achten. Die Maori, die indigenen Bewohner Neuseelands, erzählen sich eine Geschichte, die den Einfluss des Mondes auf den Regen und die Gewässer der Erde symbolisiert. In dem Muster der Mondoberfläche erkennen sie eine Frau mit einem Eimer. Es ist Rona, die Tochter des Meeresgottes Tangaroa, deren Aufgabe es war, Ebbe und Flut zu überwachen. Eines Nachts trug sie einen mit Flusswasser gefüllten Eimer zu ihren Kindern nach Hause, als sich der Weg plötzlich verdunkelte – der Mond war hinter den Wolken verschwunden. Rona setzte ihren Gang unbeirrt fort, stolperte über eine Wurzel und machte eine unfreundliche Bemerkung über den Mond. Von diesem Moment an war Ronas Volk verflucht. Der Mond rächte sich, indem er sich Rona schnappte und in den Himmel entführte. Und so erzählt man sich, dass es Regen gibt, wenn Rona das Wasser ihres Eimers verschüttet.

Der Mond hatte nicht nur einen festen Platz in der Vorstellungswelt vieler Kulturen, er scheint bisweilen selbst als lebendiges und mit bestimmten Tieren verbundenes Wesen verstanden worden zu sein. Da schriftliche Aufzeichnungen fehlen, sind wir auf Symbole und Bilder angewiesen, die suggerieren, welche Rolle der Mond gespielt haben könnte. Ein Beispiel ist die Venus von Laussel, eine etwa fünfundzwanzigtausend Jahre alte, in Kalkstein geritzte Frauenfigur, die am Eingang einer Höhle im französischen Département Dordogne gefunden wurde. In ihrer rechten Hand hält die nackte Frau etwas, das man sowohl als das Horn eines Stiers als auch einen Halbmond deuten könnte. Der Gegenstand weist dreizehn Einkerbungen auf, die für die Zahl der Mondmonate (und Menstruationszyklen) eines Jahres stehen könnten, zumal die Frau mit ihrer linken Hand auf ihren Schoß weist.

Die Verbindung von Stier, Schwangerschaft und Mond lässt sich in den Schreinen von Çatal Hüyük finden, einer rund achttausend Jahre alten Siedlung aus der Jungsteinzeit in Zentralanatolien. An den Wänden finden sich neben der Darstellung einer Muttergottheit mehrere Gipsreliefs von Stierköpfen, deren Hörner an die Mondsichel erinnern. Auch auf der Felszeichnung eines laufenden Stiers in der Höhle von La Mouthe, im Südwesten Frankreichs, sind dessen Hörner nicht nur größer als die des lebendigen Vorbilds, sondern erinnern in der Form sehr an eine Mondsichel. Die goldenen Ornamente auf der schönen, im Durchmesser 32 Zentimeter großen Himmelsscheibe von Nebra aus der Zeit um 1600 v. Chr. lassen sich als Mondsichel oder verfinsterte Sonne interpretieren. Einige Wissenschaftler erkennen in ihr sogar einen Beleg dafür, dass die Menschen der Bronzezeit schon eine Kombination von Sonnen- und Mondkalender verwendeten. In der Mythologie Mesopotamiens und Assyriens hieß der Gott des Mondes Sin, symbolisiert durch einen Halbmond sowie durch einen starken Stier mit perfekt geformten Gliedmaßen und ausgeprägten Hörnern. Auch die Doppeläxte mit ihren kreisförmigen Ringen, wie man sie in Griechenland, dem Nahen Osten und in präkolumbianischen Grabungsstätten gefunden hat, erinnern an Halbmonde.

Dem englischen Dichter William Butler Yeats zufolge ist der Mond »das wandelbarste aller Symbole, und das nicht nur, weil er das Symbol des Wandels ist«. Man kann leicht nachvollziehen, warum der Mond in frühen Kulturen für Vergänglichkeit und Wiedergeburt stand: Charakterisierungen des Mondes als »neu«, »jung« oder »alt« erinnern bis heute daran. Mit dem Mond verbundene Mythen wirken häufig paradox: Zwar wurde er als Quelle der Erneuerung betrachtet, aber auch als mögliche Ursache des Todes. Solche düsteren Deutungen finden sich bei verschiedenen Volksgruppen: Für die Maori ist der Mond ein »Menschenfresser«, bei den Tataren, deren Völker weit über Zentralasien verteilt leben, gibt es die Vorstellung eines Menschen verschlingenden Riesen auf dem Mond. Über die Tupí, zur Zeit der Kolonialisierung durch die Portugiesen eine der größten Ethnien im Gebiet des heutigen Brasilien, heißt es, dass sie glaubten, alle unheilvollen Einflüsse, Donner und Fluten rührten vom Mond her. Verbreitet ist auch die Vorstellung, dass der Mensch, sobald der Tod eintritt, in den Himmel aufsteigt, wobei der Mond oft die erste Etappe bezeichnet, eine Art Zwischenstation. Den Upanischaden, alten hinduistischen Schriften, zufolge konnte der Verstorbene zwei unterschiedliche Wege einschlagen. Beide führten am Mond vorbei, aber einer führte zur Erde zurück, während sich der andere bis zur Sonne fortsetzte, wo die Vereinigung mit Brahman, der Weltenseele, erreicht wurde. Bis zur Sonne zu gelangen, galt als Ende des Zyklus der Wiedergeburt. Der Mond wiederum konnte als Tor zu einer anderen Welt aufgefasst werden, als Bindeglied zwischen Erde und Sonne oder als Übergangsort zu einer Welt der Ewigkeit: In einigen buddhistischen Klöstern gibt es Mondtore, kreisrunde Durchgänge in einer Mauer, verstanden als Schwellen zu einer anderen Wirklichkeit.

Und wie verhält es sich mit dem Geschlecht des Mondes? Bei vielen Völkern gilt der Mond als männlich. Zu ihnen zählen unter anderem Ainu, Armenier, australische Ureinwohner, Balten, Basken, Finnen, Deutsche, Hindus, Japaner, Melanesier, Mongolen, Indianer des pazifischen Nordwestens, Polen und Skandinavier. In einigen slawischen Erzählungen wurde der Mond als »Vater« oder »Großvater« bezeichnet. Und wo der Mond als männlich gilt, wird die Sonne als weiblich charakterisiert. In der englischen Sprache war der Mond bis zum 16. Jahrhundert männlich. In vielen anderen Kulturen wurde der Mond hingegen mit weiblichen Merkmalen in Verbindung gebracht, wobei zu bedenken ist, dass die Unterschiede zwischen weiblich und männlich nicht immer als starke Gegensätze galten oder die Grenzen zwischen beiden fließend waren. In Indien war das Wort für »Mond« zwar weiblich, von derselben Wurzel wie »Mutter« und »Geist« kommend, aber dem Mond wurde in der Form von Chandra, dem Gott mit dem Hasen, Gestalt verliehen. Dieser Name ist bis heute für Jungen und Mädchen gebräuchlich, je nachdem, wie er betont und mit welchen anderen Namen er kombiniert wird. Auf dem indischen Subkontinent wird der Mond mit Ruhe und Sanftheit assoziiert; Mädchen schwärmen für den Mond und versichern ihm ihre Zuneigung.

Es gibt noch weitere Konstellationen: In manchen Kulturen ist der zunehmende Mond männlich, der abnehmende weiblich. Bei einigen Indianervölkern ist er männlich, bei ihren Nachbarn aber weiblich. In China dagegen kann man mit diesen Adjektiven nicht operieren, weil Sonne und Mond als geschlechtslos wahrgenommen werden; man bringt die Sonne mit Yang (hell und warm) und den Mond mit Yin (schattig und kalt) in Verbindung.

Soweit wir das heute rekonstruieren können, wurden Muttergottheiten des Paläolithikums und Neolithikums mit dem Mond und der Erde in Verbindung gebracht. Die Ägypter hatten verschiedene mit Fruchtbarkeit verbundene Mondmythen. Sie verehrten Isis, die Horus, den Himmelsgott, gebar. Auch ihr Gott Thot war mit dem Mond verbunden. Sin war der babylonische Mondgott und Schutzherr der heiligen Stadt Ur. In der antiken griechischen Mythologie wird der Mond mit der Göttin Selene in Verbindung gebracht, aber auch mit Artemis und Hekate. Selene heißt »Mond« und ist zugleich die Wurzel von Begriffen wie Selenografie (Kartierung des Mondes) und Selen, einem der chemischen Elemente. In der römischen Mythologie standen die Göttinnen Luna und Diana für den Mond, was auch erklärt, warum der Mond in den romanischen Sprachen üblicherweise weiblich ist (*la lune* auf Französisch, *la luna* auf Spanisch und Italienisch, *a lua* auf Portugiesisch usw.). Im Gegensatz dazu ist der Mondgott der nordischen Völker Mani männlich.

Luna.

Einige Jahrhunderte vor der christlichen Zeitrechnung entwickelten griechische Philosophen ein stärkeres Interesse am Mond. Wie die amerikanische Wissenschaftsautorin Dana Mackenzie schrieb, wurde er »ein überaus wichtiger Testfall für Philosophen und ihre miteinander konkurrierenden Kosmologien«. Fünf Jahrhunderte vor unserer Zeitrechnung war Anaxagoras der erste griechische Philosoph, der den Ursprung der Sonnenfinsternis erklärte. Er hielt die Sonne für einen glühenden Stein und den Mond für einen steinernen Stern. Für seine als Gotteslästerung geltende Auffassung wurde er aus Athen verbannt. Der Philosoph Demokrit war nicht nur der Meinung, dass es viele Welten gibt und die Materie aus Atomen besteht, sondern brachte auch die Vorstellung ins Spiel, die sichtbaren Merkmale des Mondes würden durch Täler und Berge verursacht. Für Aristoteles stellte der Mond eine wichtige kosmische Grenze dar; er unterschied sub- und supralunare Welten, die von einer sphärischen Hülle getrennt würden, in der sich der Mond befindet. Nach dieser Vorstellung besteht die Sphäre zwischen Erde und Mond aus den vier Elementen und wird gekennzeichnet durch Geburt, Tod und Veränderungen jeglicher Art. Im Gegensatz dazu zeichnen sich die oberhalb des Mondes gelegenen Sphären durch die regelmäßigen Bewegungen von Sternen, Sonne und Planeten aus, die sich um die Erde bewegen. Mit ihren festgelegten kreisförmigen Bewegungen folgen sie den ewigen Gesetzen der göttlichen Ordnung. Aristoteles zog auch den Schluss, der Mond zeige immer dasselbe Antlitz und müsse der Erde näher sein als der Mars, weil dieser Planet manchmal vom Mond verdeckt wird.

Der Astronom Aristarchos von Samos stellte – 1800 Jahre vor Kopernikus – eine heliozentrische Theorie des Sonnensystems auf und versuchte, mithilfe der Geometrie die Entfernungen zwischen Erde, Mond und Sonne zu vermessen. Bedingt durch die unvermeidlichen Mängel seiner Methoden weichen die meisten seiner Ergebnisse erheblich von dem ab, was heute bekannt ist, doch gelang es ihm immerhin, die relative Entfernung zwischen Erde und Mond erstaunlich genau zu bestimmen. Mit seiner Schätzung, dass Mond und Erde ungefähr sechzig Erdradien voneinander getrennt sind, befindet er sich innerhalb der Bandbreite der elliptischen Umlaufbahn des Mondes, nach der die Entfernung zwischen fünfundfünfzig und dreiundsechzig Radien variiert. Die Beobachtungen des griechischen Astronomen Hipparchos von Nicäa legten dann im zweiten vorchristlichen Jahrhundert den Schluss nahe, die Bewegung des Mondes könne eher als Oval denn als Kreis beschrieben werden. Aristarchos' Modell wurde im ersten vorchristlichen Jahrhundert von der geozentrischen Kosmologie des Griechen Ptolemäus eingeholt, die besagte, dass der Mond der nächste Nachbar der Erde ist und wie die Sonne die Erde umrundet. Das blieb fortan die weithin geteilte Sichtweise. Griechische Beobachter formulierten vermutlich als Erste die Vorstellung, die dunklen Stellen auf der Mondoberfläche seien Meere und die hellen Landgebiete – sie fand ihren Niederschlag in den lateinischen Termini *mare* und *terra*.

In *De Facie in Orbe Lunae* (Das Mondgesicht), einem Dialog miteinander im Wettstreit befindlicher Ideen über den Mond, schrieb der griechische Biograf Plutarch, dass sich die Arkadier des vorhellenischen Griechenland als Proselenen betrachteten, als ein Volk, dessen Ursprung bis in die Zeit vor dem Mond zurückreicht. Sie wollten darin eine besondere Auszeichnung erkennen. Auch die Mozca-Indianer des kolumbianischen Bogotá-Hochlandes in den östlichen Kordilleren der Anden ordneten einige ihrer Geschichten der Zeit vor der Existenz des Mondes zu. Aber solche mythischen Erzählungen sind Ausnahmen. Für die meisten Völker war der Mond schon immer da und wird es auch immer bleiben.

Im Mittelalter verbesserten arabische Astronomen viele Berechnungen der antiken Astronomen, etwa in Bezug auf die Umlaufbahn des Mondes. Sie erfanden auch das Astrolabium, ein Instrument, mit dem die Bewegungen der Sterne besser zu verfolgen waren. Der in Kairo wirkende Abu Ali al-Hasan Ibn al-Haitham, bekannt geworden durch seine Entdeckung des Mechanismus, wie Licht in unsere Augen tritt und uns das Sehen ermöglicht, beschrieb auch die Unveränderlichkeit der Merkmale auf der Mondoberfläche und die Tatsache, dass der Mond das Sonnenlicht reflektiere.

Wie stellte man sich zu dieser Zeit die Entfernung zwischen Mond und Erde vor? Vor einem Dreivierteljahrtausend errechnete der legendäre englische Franziskanermönch und Naturphilosoph Roger Bacon, dass eine Person, die jeden Tag etwa zweiunddreißig Kilometer zurücklegt, den Mond in vierzehn Jahren, sieben Monaten, neunundzwanzig Tagen und einigen Stunden erreichen könnte. Wie wir jetzt wissen, hätte dieser Weltraumspaziergänger mehr als die doppelte Zeit dafür benötigt, aber wer könnte Bacon daraus einen Vorwurf machen?

Den Lehren der römisch-katholischen Kirche zufolge, die auf der Genesis und den Arbeiten von Aristoteles basierten, war der Kosmos in himmlische und irdische Sphären unterteilt. Der Mond – »ein kleines Licht, das die Nacht regiert« (1. Buch Mose) –, über den es heißt, er sei am vierten Tag der Schöpfung erschienen, gehörte zur himmlischen Sphäre und wurde damit als göttlich und aus Äther bestehend betrachtet, dem fünften Element und der Quintessenz von allem. Ältere, mit Naturerscheinungen verbundene Mythen fanden innerhalb des christlichen Glaubenssystems manchmal in anderer Form ihre Fortsetzung. Den Lusitaniern, einem alten Volk, das vor und während der Zeit des Römischen Imperiums den westlichen Teil der Iberischen Halbinsel bevölkerte, galt der Mond als Göttin, die für Fruchtbarkeit in der menschlichen, Tier- und Pflanzenwelt verantwortlich ist.

Als sich das Christentum dort immer stärker verbreitete, ging ein wichtiger Teil der Symbolik dieser vorchristlichen Mondgöttin auf Maria über. Der alte Glaube wurde also aufrechterhalten, während die äußere Erscheinung den neueren Anforderungen folgte. In diesem Wandel blieb natürlich auch der Einfluss der Göttin bestehen. Die Verbindung von Maria mit dem Mond hatte weitreichende Folgen – wie die Mutter Gottes durfte der Mond nicht die Quelle des Lichts sein, und er musste unbefleckt sein. Obwohl die erste Anforderung durch den astronomischen Fortschritt bestätigt wurde, entwickelte sich die zweite zu einer Herausforderung für die christliche Weltsicht, als der italienische Astronom und Kosmologe Galileo Galilei nachwies, dass die Mondoberfläche nicht gleichmäßig, sondern überaus uneben ist. Doch auch diese Entdeckung konnte der Verbindung von Maria und dem Mond nichts anhaben, wie die Vielzahl von Darstellungen bis in die heutige Zeit beweist, in denen Maria auf einer Mondsichel gezeigt wird.

Die katholische Kirche zog den Mond nicht mehr für die Berechnung von Monaten und Jahren heran. Als Papst Gregor XIII. im Jahr 1582 eine Kalenderberechnung verfügte, die seinen Namen trägt und bald in vielen Ländern befolgt werden sollte, musste der bis dahin verbreitete und von der Kirche als »gottlos« betrachtete Mondkalender einem System Platz machen, das auf der Sonne als Symbol des auferstandenen Christus beruhte. Der gregorianische Kalender trat damit an die Stelle des nach Julius Cäsar benannten julianischen Kalenders. Vor Cäsar war Beginn und Ende des Monats durch die Mondphasen bestimmt worden. Das hybride »luni-solare« System des römischen Herrschers zählte die Tage des Jahres auf der Grundlage von Mond und Sonne und legte ein Schaltjahr fest, um das nominale mit dem jahreszeitlichen Jahr in Übereinstimmung zu bringen.

Aber wie kann man sich überhaupt die Entwicklung der Rolle des Mondes in frühen Zeitrechnungssystemen vorstellen? Die frühen Menschen haben womöglich nicht einmal eine Kontinuität zwischen dem abnehmenden Mond, der im Morgenhimmel verschwand, und dem Himmelskörper hergestellt, der einige Tage später am Abendhimmel auftauchte. Erst im Laufe der Zeit haben sie begonnen, den Mond als ein Gebilde zu verstehen, das seine Form immer auf dieselbe Art verändert – eine Kontinuität, die schließlich in ein erkennbares Muster und vermutlich sogar eine Geschichte mündete.

Zu Kreisen gruppierte Steinmonumente und Megalithe scheinen auf die Geschehnisse am Himmel zu verweisen, da ihre Anordnung und Ausrichtung mit der Auf- und Untergangsposition besonders gut sichtbarer Himmelskörper in Verbindung gebracht werden kann. Stonehenge, eine Anlage mit mehreren kreisförmig angeordneten Gruppen von großen Steinblöcken im Süden Englands, die bis in die Jungsteinzeit zurückreichen und über eine Zeitspanne von tausend Jahren errichtet wurden, ist das bekannteste Monument dieser Art. Manche Astronomen vermuten, dass Stonehenge eine frühe Sternwarte war und genutzt wurde, um Mondfinsternisse vorauszusagen. Die Erbauer könnten solche Ereignisse als Bestätigung einer kosmischen Ordnung, nicht notwendigerweise als Omen drohenden Unglücks verstanden haben. Es gibt noch andere solche Monumente. Am Beispiel der Steinreihen von Carnac in der Bretagne hat der schottische Archäoastronom Alexander Thom gezeigt, dass die Sichtachsen mehrerer Menhire und Grabhügel mit den Extrempositionen des aufgehenden und untergehenden Mondes übereinstimmen. Da die Errichtung solcher Anlagen mit erheblichem Aufwand verbunden war, könnte man daraus folgern, dass sie eine über die rein religiöse Dimension hinausgehende gesellschaftliche und vielleicht sogar wirtschaftliche Bedeutung gehabt haben könnte.

Menschen müssen zwangsläufig über die zyklische Natur des Lebens auf der Erde nachgedacht haben, über die wiederkehrenden Hitze- und Kälteperioden, Trockenheit und Regen, die Lebensphasen der Tiere, von denen sie abhängig waren, Samen und Korn, das sie ernteten, und natürlich auch über ihr eigenes Kommen und Gehen. Irgendwann muss ihnen klar geworden sein, dass die Wanderungsbewegung des Mondes am Himmel eine Möglichkeit bot, den Zeitablauf zu unterteilen und zu messen. Als man die Regelmäßigkeit des Verschwindens und neuerlichen Erscheinens des Mondes verstanden hatte, konnten die Menschen die Tage zählen und sie in Monate, aber auch kleinere, mit den Phasen verbundene Zeitabschnitte gruppieren.

Zuweilen diente die Position des Mondes am Himmel als Grundlage für bildhafte Bestimmungen der Zeit. Bei einigen Völkern Zentralafrikas gibt es die Redewendung »der Mond fällt auf den Wald«, was bedeutet, dass der Mond sehr niedrig am Horizont steht, oder »er schläft an der offenen Luft« – wenn er bei Tagesanbruch am Himmel sichtbar ist. Wie wir wissen, beträgt die Zeit zwischen den Viertelphasen des Mondes etwas mehr als sieben Tage, also etwa eine Woche. Der Mond erfüllt die Anforderungen eines Zeitmessers, weil sein monatlicher Zyklus kurz genug ist, um die Nächte durch seine Form und seine Position am Himmel bei Sonnenaufgang und -untergang voneinander unterscheiden zu können. Doch das Prinzip der Zeitrechnung in Mondmonaten hat sich nicht durchgesetzt, weil es in einem Menschenleben viel zu viele Monate gibt.

Im antiken Rom wurde der Monat ebenfalls nach den Mondphasen gegliedert. Der erste Tag des Monats trug den Namen *kalendae* (von *calere* für »warm sein« oder »glühen«). Zuvor richteten sich die Griechen nach dem sogenannten metonischen Zyklus, der einen Bezug zwischen den Mondphasen und bestimmten Tagen im Jahr herstelte. Der Astronom Meton, der im fünften Jahrhundert v. Chr. lebte, fand heraus, dass neunzehn Sonnenjahre 235 Mondmonaten oder 6940 Tagen entsprechen und dass nach neunzehn Jahren dieselbe Mondphase an demselben Tag des Sonnenjahres eintritt. Nur alle 312 Jahre verschiebt sich dieser Zyklus um einen Tag.

Astronomen im alten Ägypten wollten die auf Sternen, Mond und Sonne basierenden Zeitgliederungssysteme miteinander in Einklang bringen. Um das Jahr 3000 v. Chr. legten sie 365 Tage für ein Jahr und dreißig Tage für einen Monat fest, der wiederum in lange »Wochen« von zehn Tagen unterteilt wurde. Da dieses System praktische Vorteile besitzt, benutzte unter anderem auch Kopernikus die ägyptische Zeitrechnung für seine Zwecke. Später verwendeten die Babylonier den Begriff *shabbatum* für den Tag des Vollmonds. Die in Babylon im Exil lebenden Juden nahmen ihn vermutlich als Bezeichnung für den Ruhetag an, den sie fortan Schabbat oder Sabbath nannten. Das Passahfest fällt auf den dem Frühlingsbeginn (21. März) folgenden Vollmondtag.

In der christlichen Tradition orientiert man sich am Mond, um das Datum für Ostern zu bestimmen, das an die Auferstehung Jesu Christi erinnert. Christen feiern Ostern am ersten Sonntag nach dem ersten, dem Frühlingsbeginn folgenden Vollmondtag. Jesus' Tod, sein Abstieg in die Unterwelt und seine Auferstehung am dritten Tag – einem Sonntag – wird traditionell mit dem Untergehen und Aufgehen der Sonne in Verbindung gebracht, aber manche erkennen darin die ältere Metaphorik des aufgehenden Mondes. Der frühchristliche Kirchenlehrer Augustinus von Hippo schrieb: »Der Mond wird jeden Monat neu geboren, wächst, wird vervollkommnet, wird kleiner, verbraucht und wieder geboren. So wie beim Mond in jedem Monat, so ist es bei der Auferstehung für alle Zeit.«

In einigen Teilen Asiens verbindet sich der Mond mit regelmäßig wiederkehrenden Festen. Das immer von vielen Millionen Pilgern besuchte Kumbh Mela findet alle zwölf Jahre an vier verschiedenen Orten Indiens statt. Sein Höhepunkt fällt auf eine Vollmondnacht, wenn die versammelte Menschenmenge in heiligen Flüssen wie Ganges und Yamuna badet. In China und in chinesischen Gemeinden in vielen Teilen der Erde findet am fünfzehnten Tag des achten Monats im Jahreskalender das Mondfest statt. Familienmitglieder kommen zusammen, essen sogenannte Mondkuchen, die mit Lotuskernpaste, aber auch Wurst oder Eiern gefüllt sein können, und betrachten den Mond. Wenn Familien durch große Entfernungen getrennt sind, wissen sie, dass sie denselben Mond betrachten. Das chinesische Mondfest gilt als das zweitwichtigste Fest nach dem Neujahrsfest, und viele Paare wählen es als Zeitpunkt ihrer Hochzeit, weil es in dem Ruf steht, besonderes Glück zu bringen. Die Legende erzählt, dass Chang'e, die Göttin des Mondes, dorthin geflogen ist und seitdem gemeinsam mit einem Kaninchen in einem Kristallpalast lebt. Während dieses Festes erhoffen ihre Anhänger, einen Blick von ihr zu erhaschen, wenn sie gerade wieder einmal auf dem Mond tanzt.

Die Praxis, Jahreszeiten mithilfe des Mondes zu unterscheiden, findet man in vielen Kulturen. Die Hopi-Indianer, die im Gegensatz zu vielen anderen indigenen Gruppen Nordamerikas dem Einfluss der Missionare bis in die 1870er-Jahre widerstanden und ihre traditionelle Lebensweise fortsetzen konnten, benutzten einen Kalender, der auf den Positionen von Sonne und Mond basierte. Ihre Landwirtschaft war wegen der ungünstigen klimatischen Bedingungen in der Wüste eine besondere Herausforderung. Im Gegensatz zur wissenschaftsbasierten Astronomie etwa der Griechen und Babylonier diente ihr System praktischen Zwecken: Es ging darum, »die Zeit für das Pflanzen und Einholen von Nutzpflanzen festzulegen oder indirekt die religiösen Feste zu steuern, die wiederum ausdrücklich den Ernteerfolg beeinflussen sollten«, wie der Ethnologe Stephen C. McCluskey herausgefunden hat. Die verschiedenen Namen für den Neumond zu unterschiedlichen Zeitpunkten des Jahres spiegeln dieses Verständnis wider: Feuchtigkeitsmond (*Pa-muya*), Festmahlsmond (*Nashan-muya*), Korbmond (*Tühóosh-muya*), Erntemond (*Angokmuya*) und Kaktusblütenmond (*Isu-muya*).

Über den Propheten Mohammed heißt es, er habe den Mond zum wahren Zeitmesser und seinen Kalender zum einzig gültigen erklärt. Der islamische Kalender folgt deshalb dem Mondjahr – sechs Monate mit dreißig Tagen und sechs Monate mit neunundzwanzig Tagen, woraus sich eine Gesamtzahl von 354 Tagen ergibt. Deshalb fällt Ramadan, der traditionelle Fastenmonat, im neunten Monat des islamischen Kalenders auf verschiedene Jahreszeiten. Einer alten Regel folgend, beginnt Ramadan in dem Moment, wenn die Mondsichel zuerst gesichtet wird, was bei einem von Wolken verhangenen Himmel nicht ganz einfach ist. Da nicht alle Muslime die Zusammenarbeit mit Astronomen gutheißen, um den genauen Zeitpunkt des Ramadan-Beginns zu bestimmen, kann dieser in unterschiedlichen islamischen Gemeinden leicht abweichen.

In der westlichen Welt sind die vergleichsweise ungenauen Mondkalender zur Zeitmessung aus der Mode gekommen, aber das Wort *Montag* und seine Entsprechungen in einer Reihe anderer Sprachen ist ein Überbleibsel aus früheren Zeiten, in denen solche Kalender noch verwendet wurden. Das Wort geht zurück auf den lateinischen Begriff *dies lunae* (Tag des Mondes), den die eroberten Germanen in ihre Sprache übertrugen. Gemäß der alten geozentrischen Weltsicht hießen alle sich im Himmel bewegenden Objekte »Planeten«. Dazu zählten Sonne, Mond, Mars, Merkur, Jupiter, Venus und Saturn, und jeder stand für einen bestimmten Wochentag. Der Mond hat seine alte Bedeutung, unseren Zeitablauf zu strukturieren, weitgehend eingebüßt, doch der *Montag* erinnert uns noch an diese alte Ordnung.

Die Kartierung des Mondes

Der Mond hat steile Felsen
mit schroffen und kantigen Klippen ...

Galileo Galilei

Die menschliche Fantasie ist lebendig genug, um sich Orte und Räume vorzustellen, die nicht existieren, aber zuweilen holt die Wirklichkeit die Vorstellung nicht nur ein, sondern übertrifft sie sogar. Die Entdeckung Amerikas war eine große Überraschung. Auch wenn man den neuen Kontinent lange nur als Projektionsfläche für Altbekanntes benutzte, war die Welt größer geworden, und es gab einen Perspektivwechsel. Im Falle des Mondes war die Ausgangssituation eine andere. Seine Existenz war schon immer offensichtlich, aber der erste Blick auf den Mond mithilfe eines Teleskops – gerade etwas mehr als einhundert Jahre, nachdem Kolumbus die Neue Welt betreten hatte – löste einen grundlegenden Wandel der bis dahin geltenden Vorstellungen aus. Da seine Oberfläche nun detaillierter untersucht werden konnte, war er nicht mehr wie zuvor ein mythisches Objekt. Zwar war die physische Entfernung zwischen Erde und Mond gleich geblieben, dennoch schien der Mond fortan nicht mehr außer Reichweite. Die Erweiterung eines menschlichen Sinnes, des Sehens, hatte die Illusion größerer Nähe geschaffen. Und die immer weiter verbesserte Fähigkeit, den Mond visuell zu erforschen, schuf die Voraussetzungen für die Erkundung des Mondes mit den anderen Sinnen.

Nur wenige Jahre bevor das Teleskop in Gebrauch kam, um das Jahr 1600, fertigte William Gilbert, der Leibarzt von Königin Elizabeth I., eine schon recht detaillierte Federzeichnung des Mondes an. Diese Tatsache allein wäre vielleicht keiner besonderen Erwähnung wert, wenn Gilbert damals nicht auch schon die erste rudimentäre Nomenklatur für einige Merkmale des Mondes eingeführt hätte. Gilbert, der die dunklen Flecken für Land und nicht für »Meere« hielt, führte dreizehn Begriffe ein. Was heute als Mare Crisium (»Meer der Gefahren«) bezeichnet wird, war für ihn »Brittannia«, und seine »Regio Magna Orientalis« entsprach dem heutigen Mare Imbrium (»Regenmeer«). »Regio Magna Occidentalis« ist ein Konglomerat dessen, was Mare Serenitatis (»Meer der Heiterkeit«), Tranquillitatis (»Ruhe«) und Foecunditatis (»Fruchtbarkeit«) sind. »Continens Meridionalis« und »Insula Longa« sind Teile des heutigen Oceanus Procellarum (»Ozean der Stürme«). Gilberts Bezeichnungen wurden nicht so häufig verwendet, was aber auch der Tatsache zuzuschreiben ist, dass sie erst 1651 veröffentlicht wurden und es zu diesem Zeitpunkt bereits zwei andere Systeme gab.

Ein niederländischer Brillenmacher, Hans Lippershey, führte das früheste, aus zwei Linsen bestehende Teleskop 1608 ein. Bald zeigten sich bis dahin ganz unbekannte Welten, aber das neue Gerät musste zunächst noch gegen erhebliche Vorurteile angehen. Der Kunstwissenschaftler Martin Kemp erinnert daran, dass »seltsame Dinge sichtbar wurden, für die noch kein Interpretationsrahmen verfügbar war«, und das Teleskop »sah sich dem Vorwurf ausgesetzt, dass all das, was man darin erkennen konnte, ganz oder teilweise durch das Gerät selbst erzeugt worden war«.

Obwohl Galileo Galilei als derjenige gilt, der als Erster den Mond mithilfe eines Teleskops betrachtet hat, war es der englische Mathematiker Thomas Harriot, der die erste bekannte Mondzeichnung anfertigte, die auf einer Betrachtung durch ein Teleskop basierte. Sie ist auf den 26. Juli 1609 datiert, also vier Monate vor Galileis Beobachtungen. Einige Kollegen schienen davon gewusst zu haben, aber sein Bekanntheitsgrad blieb beschränkt, weil Harriot seine Zeichnungen nicht veröffentlichte.

Galileo Galilei erfuhr bald von dieser bahnbrechenden Erfindung, von der es hieß, sie erlaube es, ferne Objekte so zu sehen, als stünden sie ganz nahe. Als er sein Teleskop in die Richtung des Adriatischen Meeres bewegte, konnte er – wenn auch etwas verschwommen mit Farbrändern – Schiffe bereits einige Stunden vor ihrer Ankunft ausmachen. Und als er am 30. November 1609 bei klarem Himmel das Teleskop gen Mond richtete, konnte er sich erstmals von der unebenen Oberfläche unseres Trabanten überzeugen.

In seinem 1610 veröffentlichten Buch *Sidereus Nuncius* (Der Sternenbote) erklärte er, dass die Charakteristika der Erde im Universum nichts Ungewöhnliches und die Himmelskörper nicht so perfekt seien, wie frühere Astronomen vermutet hatten. Trotz der Ähnlichkeiten zwischen Erde und Mond teilte Galilei jedoch nicht die Sicht seiner Zeitgenossen, der Mond sei eine zweite, aus Erdreich und Wasser bestehende Erde. Er räumte ein, dass andere Faktoren für die Helligkeitsunterschiede verantwortlich zu machen seien. Galileis großes Verdienst war es, die Lücke zwischen bloßer Spekulation und Wissen beträchtlich zu verkleinern. Letztendlich war sein Teleskop aber noch nicht ausgereift genug, um mehr Details auf dem Mond erkennen zu können. Wie der amerikanische Autor und Geowissenschaftler Scott L. Montgomery angemerkt hat, dürfte er weder Berge noch Täler gesehen haben, sondern »einen zerklüfteten äußeren Rand, sich kontinuierlich bildende, unregelmäßige Muster von Licht und Schatten«. Auf seinen Zeichnungen veränderte Galilei etliche Aspekte, um den Effekt zu verstärken: »So wird die Tag-Nacht-Grenze viel unregelmäßiger dargestellt, als sie in Wirklichkeit ist, und die Krater sind beinahe um das Doppelte vergrößert«, erklärt Montgomery.

Die Entwicklung immer leistungsfähigerer Teleskope führte zu einem erbitterten Wettbewerb um die genaueste Mondkarte. Zunächst war es eine große Herausforderung, etwas nachzuzeichnen, das man durch das Teleskop gesehen hatte. Schließlich musste das Gerät fortwährend neu angepasst werden, um die Bewegung des Mondes auszugleichen. Außerdem veröffentlichten miteinander konkurrierende, in verschiedenen Ländern arbeitende Kartenzeichner ihre Arbeiten in verschiedenen Stadien des Prozesses, und auf manchen kopierten Karten wurde dasselbe Oberflächenmerkmal anders dargestellt und mit einem anderen Namen versehen. Die Folge war ein heilloses Durcheinander.

Der Pariser Mathematiker Pierre Gassendi gab einigen Merkmalen, die er mit seinem Teleskop erkennen konnte, einen Namen, darunter *umbilicus lunaris* (der Mondnabel, heute Tycho und das ihn umgebende Strahlensystem) und beauftragte Claude Mellan mit der Zeichnung einer schönen Karte, die 1637 veröffentlicht wurde. Michael van Langren, auch Langrenus genannt, gehörte einer für ihre Globen- und Kartenherstellung renommierten Familie an. Sein Mondprojekt wurde von dem Ehrgeiz vorangetrieben, den Längengrad bestimmen zu können, wenn Schiffe auf den Ozeanen unterwegs waren und dabei um Orientierung rangen. Sein Bezugspunkt für Messungen waren Sonnenauf- und Sonnenuntergänge, wenn sie bestimmte Bergspitzen auf dem Mond berührten. Das setzte eine genaue Karte voraus. König Philipp IV. von Spanien gab sie bei Langrenus in Auftrag.

Natürlich umfasst die Anfertigung von Mondkarten mehr als nur eine möglichst genaue Darstellung der erkennbaren Merkmale. Sie rufen förmlich nach Namen, die denen, die eine solche Karte verwenden, auch etwas bedeuten. Manche Auftraggeber und Künstler waren eher in der Lage als andere, eine bestimmte Nomenklatur durchzusetzen. König Philipp IV. etwa forderte, dass große Merkmale auf der von Langrenus angefertigten Karte sowohl nach ihm als auch nach lebenden und verstorbenen Mitgliedern der königlichen Familie benannt wurden. So kam es zu der Bezeichnung »Oceanus Philippicus« (heute »Oceanus Procellarum«). Der König verknüpfte damit die Hoffnung, dass sie seine Wichtigkeit unterstreichen und ihm sogar Unsterblichkeit verleihen würde. Wissenschaftliche Nomenklatur spielte bei dieser Karte, die 1645 veröffentlicht wurde und einen Mond von dreiunddreißig Zentimeter Durchmesser zeigte, nur eine sehr begrenzte Rolle. Und die Tatsache, dass so viele Oberflächenmerkmale die Namen von Zeitgenossen bekamen, erklärt zugleich, weshalb diese Karte ihre Zeit nicht überdauerte. Immerhin verwendete Langrenus auch die Namen von dreizehn Heiligen, gab vermuteten »Wasser«-Merkmalen Bezeichnungen wie »Mare Venetum« (Venezianisches Meer) oder »Portus Gallicus« (Französischer Hafen) oder ordnete den wichtigsten Hochebenen Tugenden zu, zum Beispiel »Terra Pacis« (Land des Friedens) und »Terra

Nullum inter corpora cælestia, ex quo tempore Veteres sacræ Uraniæ addicti omnē moverunt lapidem, ut Siderum naturæ & affectiones quam maxime forent in aprico positæ, cunctorum vicit magis admirationem, & multiformi ambage (si cum Plinio loqui liceat) torsit contemplantium ingenia, proximum quippe ignorari sidus indignantiū, quam ipsa Luna, varietate macularum imprimis miranda; sed nec mirari nos subeat, cum medijs tunc destituti, quibus nunc Lunam accuratius inspicere & contemplari nobis hodie datum, oculis scilicet armatis; hinc etiam deficiente hoc Tuborum opticorum apparatu diversas de Lunæ substantia è maculis nudo oculo visis fovere

ris, superent; porro quod eædem profunditates, quæ prægrandibus semper ambitu suo exteriori, plerumque circulari, mæniorum instar, cinguntur emine tijs, innumeras ferè et multò plures, sed non tantas et tam profundas, quam nostra hibeat Terra, si huius cavitates suis destituerentur maribus; denique quod partes mu in Luna obscuræ, quæ sub primo conspectu non apparent profundæ, ideoq; pro mate liquidæ, maribus scilicet multorum forsan judicio censendæ, adhibita accuratiori in ctione, teste Viro celeberrimo D.no de la Hire, nihilominus profundæ nec tamen liqu deprehendantur; ut hinc haud pauci cum acutissimo Galilæo Lunam pro corpore

entiæ autem, cum Sol illas à latere illuminat, quam maximè conspicuæ redlantur; cum è contrario à quadraturis ad oppositionem superficies Lunæ, dum Sol hisce inæqualitatibus magis magisque verticaliter imminere pergit, et omne, quidquid umbrosum ante fuit, pedetentim illuminat, aliam semper exhibeat faiem, ut tandem luminosa et albicans appareat.

Ex hoc fundamento bina nostra Schemata in delineatione macularum notabilem etiam differentiam involvunt, eò quod primum, HEVELIANUM puta, Lunâ in oppositione cum Sole existente, hoc est, in plenilunio designatum, alterum verò RICCIOLINUM scilicet, è pluribus Lunæ phasibus in unum corpus fuerit

diametri suæ parte in plagam superiorem ab Austro Corum versus, dum Luna versatur in descendentibus signis, in ascendentibus autem per idem tempus et spatium secundum Hevelii et aliorum observationes retrorsum iterum, et sic porro vacillare videtur.

Eodem temporis, menstruo nempe spatio Lunam quoque orbitam suam, dum porro et retro librationem absolvit, peragrare, et pro vario situ diversas phases, hoc est, luminis figurationes varias, prout figura media inferior B. subindicat, simul exhibere deprehendimus, cum pars Lunæ illuminata mox crescere, mox decrescere pro majori vel minori Lunæ à Sole distantia debeat, quæ sanè luminis non propriū

Dignitatis« (Land der Würde). Diese Karte beanspruchte den Mond als ein ganz und gar katholisches Territorium, und die Astronomie selbst war damit unter der Kontrolle des Königreichs. Keine der erwähnten Bezeichnungen auf dieser Karte hat es geschafft, bis heute zu überdauern, aber immerhin ist der Name des Kraters Langrenus, den der Zeichner aus Eitelkeit so nannte, eine kleine Erinnerung an den Schöpfer dieser frühen Arbeit.

Es ist nicht klar, ob der deutsch-polnische Astronom Johannes Hevelius die Karte von Langrenus kannte. Die Hügel, Berge und Kraterränder in Hevelius' *Selenographia* (1647) erinnern an Reihen von Termitenhügeln, was zu dieser Zeit die übliche Abbildungsweise für Landkarten war. Nachdem er die neu entdeckten Merkmale auf der Mondoberfläche zunächst nach Mathematikern benennen wollte, denen Fortschritte in der Astronomie zu verdanken sind, entschied er sich stattdessen schließlich für eine Vielzahl geografischer Begriffe: »Zu meiner Freude fand ich heraus, dass ein bestimmter Teil des Erdglobus und der darauf befindlichen Orte sehr gut mit dem sichtbaren Antlitz des Mondes vergleichbar ist und die Namen deshalb ohne Schwierigkeit von hier nach dort übertragen werden können; denken Sie zum Beispiel nur an den Teil von Europa, Asien und Afrika, der das Mittelmeer, das Schwarze Meer und das Kaspische Meer umgibt.« Doch auch dieses Konzept setzte sich letztlich nicht durch. Die von ihm gewählten Namen klangen zu unbeholfen, zu archaisch; nur zehn sind bis heute erhalten geblieben. Seine Karte stiftete auch deswegen Verwirrung, weil er mehreren Gruppen von Kratern denselben Namen gab und Bergmerkmale erkannt haben wollte, wo gar keine existierten. Andernorts verwechselte er Gipfel mit Kratern. Trotz dieser Mängel galt Hevelius' Mondkarte fast eineinhalb Jahrzehnte lang als maßgeblich.

Der Italiener Giovanni Battista Riccioli, der mit Hevelius in Wettbewerb stand, verwendete in seinem 1651 erschienen *Almagestum novum* 63 der Namen von Langrenus' Karte, ordnete aber drei von ihnen anderen Mondmerkmalen zu und fügte 147 Namen von Personen aus der Astronomie hinzu. Anstelle des Katalogs von Tugenden wählte er Namen, die sich auf das Wetter auf der Erde beziehen wie »Terra Caloris« (Land der Wärme) und »Terra Nivium« (Land des Schnees), die auf den heutigen Karten alle nicht mehr verwendet werden. Riccioli war davon überzeugt, dass es auf dem Mond weder Menschen noch Wasser gebe. Als Jesuit war er verpflichtet, das kopernikanische System abzulehnen, allerdings lässt es tief blicken, dass er drei wichtige Krater nach Kopernikus, Kepler und Aristarchos benannte. Das Grundmuster von Ricciolis Nomenklatur mit seiner Zuordnung der Namen bekannter Wissenschaftler zu Kratern und lateinischen Namen für Wetter- oder Gefühlszustände zu *maria* ist bis heute erhalten geblieben, wenn sich auch die Namen selbst geändert haben.

1748 begann der deutsche Astronom Tobias Mayer, mehr als vierzig Detailzeichnungen verschiedener Mondregionen zu erstellen, um einer genaueren Mondkarte näherzukommen. Obwohl der Mondglobus, den er sich vorgestellt hatte, nie gebaut wurde, gingen aus seinen Arbeiten zwei relativ detaillierte Karten und weitere Zeichnungen hervor. Mayer teilte den Mond erstmals in Längen- und Breitengrade ein. Da der Kupferstecher eine der Zeichnungen aus Versehen falsch herum darstellte, wurde die Bildtafel mit dem Hinweis versehen, wenn man sie richtig sehen wolle, müsse man sie mit einem Spiegel betrachten.

Johann Hieronymus Schröter baute auf Mayers Karten auf und übertraf seine Zeitgenossen mit einer Vielzahl von Zeichnungen kleinerer Bereiche des Mondes bei unterschiedlicher Beleuchtung. Er präzisierte Berghöhen und Kratertiefen, indem er die Schattenlängen maß, was eine realistischere Darstellung erlaubte. Da man das Vorhandensein von Wasser inzwischen ausschloss, musste Schröter sich überlegen, wie er mit unter dieser Prämisse überholten Begriffen wie »Halbinsel«, »Fluss« oder »Sumpf« umgehen sollte, die auf älteren Karten, etwa denen von Hevelius, zu sehen waren. Er entschied sich für eine Mischung aus lateinischen und deutschen Begriffen, wie »Bergketten«, »Bergadern« und »Einsenkungen«. Wichtiger war in diesem Zusammenhang die erstmalige Verwendung der Begriffe »Rille« und »Crater«, die fortan auch in der englischsprachigen Literatur verwendet werden sollten.

Der einflussreichste Beitrag zur Mondtopografie im 19. Jahrhundert – eine großformatige lithografische Karte, die den Mond als Scheibe mit Verzerrungen an den Rändern darstellte und in puncto Genauigkeit alle früheren Versionen in den Schatten stellte – wurde von dem in Berlin arbeitenden Johann Heinrich von Mädler und dessen Freund Wilhelm Beer geschaffen. Beer, ein Bankier, steuerte die Sternwarte und das Teleskop bei, während Mädler als Beobachter, Wissenschaftler und Zeichner fungierte.

Er bezeichnete Sekundärkrater, indem er jedem einen Buchstaben zuordnete, der mit einem übergeordneten, quasi »verwandten« Krater in Verbindung stand. Erhebungen, Höhenzüge und Rillen bekamen griechische Buchstaben. Mädler und Beer verbesserten grundlegend das System von Merkmalsbezeichnungen und Lagebestimmungen, die auf mikrometrischen Messungen beruhten. Hinter der *Mappa Selenographica* verbarg sich eine enorme Ambition und Mühe, denn Mädler hatte den Mond in nicht weniger als 600 Nächten untersucht. In ihrem umfangreichen Buch mit dem Titel *Der Mond nach seinen kosmischen und individuellen Verhältnissen* (1837) hatten die beiden Freunde den Schluss gezogen, dass der Mond weder Atmosphäre noch Wasser aufweise und sich auch nicht verändere. »Man kann Erde und Mond als einen Doppelplaneten betrachten«, heißt es dort. Die

Autoren betonten aber auch, dass der Mond kein Abbild der Erde sei. Das Buch schien die wichtigsten Antworten über die Beschaffenheit des Mondes zu bieten und galt mehrere Jahrzehnte lang als Standardwerk. Nur wenige andere Wissenschaftler wagten sich während dieser Zeit an das Thema heran. 1840 wurde Mädler zum Direktor der Sternwarte von Dorpat in Estland ernannt. Dort konnte er mit einem größeren Teleskop arbeiten, sodass er 1869 eine überarbeitete Fassung seiner Karte veröffentlichte – zu einer Zeit, als bereits die ersten Fotos vom Mond gedruckt wurden.

Mondkarten sind eine eigentümliche Angelegenheit. Davon abgesehen, dass sie der Eitelkeit der Herrscher schmeichelten, die sich über ihre Namen auf den Karten freuen konnten, erfüllten sie keine politische Funktion. Sie standen im Gegensatz zu Landkarten der Erde nicht in Zusammenhang mit der Erhebung territorialer Ansprüche. Genauso wenig halfen solche visuellen Darstellungen des Mondes Reisenden dabei, sich in unbekanntem Terrain zu orientieren. Die Karten verstärkten aber die Position der Wissenschaft, der es darum ging, die alten Mythen und auch den Aberglauben zu bekämpfen.

In diesem Sinne hatten die Karten eine symbolische und sicherlich auch ästhetische Funktion – viele von ihnen sind einfach schön anzuschauen, es sind Kunstwerke mit einem mehr oder weniger klar erkennbaren Bezug zur Realität der Merkmale auf der Mondoberfläche. Der Reiz, sich mithilfe einer Karte in eine fremde Welt hineinzuträumen, ist unbestritten. Mehr denn je zuvor war die Wissenschaft im 19. Jahrhundert geradezu davon besessen, alles zu zählen und zu vermessen – eine Aktivität, die wohl auch half, mit den vielen Leerstellen und unbeantworteten Fragen fertigzuwerden, die die Astronomie aufgeworfen hatte.

Der Grad an Konzentration, der erforderlich war, um diesen Himmelskörper kartieren zu können, war immens, und vor der Verbreitung der Fotografie war es eine überaus mühsame Aufgabe, die durch das Fernrohr gesehenen Details mithilfe eines Bleistifts aus der Kurzzeiterinnerung auf ein Blatt Papier zu übertragen. Man weiß von Mädler, dass er geradezu besessen war von seinem Mondprojekt, sodass man scherzhaft über ihn sagte, er müsse seine künftige Frau in einem der seltenen Momente getroffen haben, als er gerade nicht durch sein Teleskop schaute.

Der deutsche Astronom Johann Friedrich Julius Schmidt, viele Jahre lang Direktor der Athener Sternwarte, kann den Anspruch auf die detaillierteste Mondkarte des 19. Jahrhunderts erheben. Sie verzeichnete insgesamt 32 856 Krater, bestand aus fünfundzwanzig Einzelblättern und hatte einen Durchmesser von rund zwei Metern. Wie der amerikanische Astronom Paul D. Spudis betont hat, war die Obsession einer immer detaillierteren Darstellung untrennbar verknüpft mit der in dieser Zeit vorherrschenden Meinung, dass sich die Geheimnisse der Mondgeschichte eher über die Einzelheiten erschlössen als über größere Merkmale.

Wie wirkte sich die Erfindung der Fotografie auf die Darstellung des Mondes aus? Im Jahre 1840 schuf John William Draper, Professor für Medizin an der New York University, einige noch recht grobe Daguerrotypien des Mondes, deren Qualität jedoch bald mithilfe der größten damals verfügbaren Teleskope von den Fotografien seines Sohns Henry und denen von William Cranch Bond, dem ersten Direktor des Observatoriums des Harvard College, übertroffen wurde. Es war eine große Herausforderung für die Fotografen, die langen Belichtungszeiten mit der Erdbewegung in Einklang zu bringen, da sonst unscharfe Aufnahmen entstanden. Das Problem konnte gelöst werden, indem ein Uhrwerkmechanismus mit der Kamera gekoppelt wurde, um die Bewegung der Erde auszugleichen. Als ein weiterer Pionier der Mondfotografie gilt Lewis Morris Rutherfurd. Ursprünglich Rechtsanwalt, widmete er sich ab den 1850er-Jahren ganz der Astronomie und betrieb in Manhattan ein kleines Observatorium. Er schuf das erste Teleskop speziell für die Astrofotografie. Obwohl die lichtempfindliche Fotoemulsion kontinuierlich verbessert wurde, verließen sich Wissenschaftler bis weit ins 20. Jahrhundert hinein lieber auf Illustrationen des Mondes, auf denen dieser noch detaillierter dargestellt werden konnte, als auf die damaligen Fotografien.

Wie fügte sich nun die voranschreitende Erforschung des Mondes in die weitere Entwicklung der Astronomie? Die Beobachtung und Kartierung des Mondes intensivierte sich in den Jahrhunderten nach Galileo Galilei, parallel dazu entwickelten Astronomen aber auch ein immer stärkeres Interesse an anderen Planeten. Zum Beispiel veröffentlicht Wilhelm Beer 1830 die erste Karte des Mars. Auch Cassini widmete einen großen Teil seiner Aufmerksamkeit dem roten Planeten. Am Ende des 19. Jahrhunderts war der Mond mithilfe des nun weiter verbesserten und verbreiteten Teleskops zu einem beinahe alltäglichen Forschungsobjekt geworden. Viele Forscher hatten sich inzwischen auf astronomische Themen verlagert, die ihnen vielversprechender erschienen. Immerhin veröffentlichte der niederländisch-amerikanische Astronom Gerhard P. Kuiper 1960 den ersten fotografischen Mondatlas mit einem Auflösungsvermögen von ein paar Hundert Metern. Kuiper sollte später dabei helfen, geeignete Landeorte für das Apollo-Programm auszuwählen. Zu einer Verlagerung des wissenschaftlichen Interesses kam es, als in den frühen 1960er-Jahren einige Geologen sich auch für seine Beschaffenheit zu interessieren begannen. Das setzte eine grundlegende Veränderung der Methoden voraus.

Der amerikanische Geologe Eugene Shoemaker hatte sich schon seit Langem der Erkundung kosmischer Einschlagkrater verschrieben und vor allem den Barringer Krater in Arizona und die Krater der Atombombentests in Nevada unter diesem Aspekt untersucht. Nachdem ihm klar geworden war, dass viele Geologen gebraucht würden, um den Aufbau des Mondes zu untersuchen, gründete Shoemaker 1961 die astrogeologische Abteilung des U.S. Geological Survey, eine Arbeitsgruppe, die sogleich mit einer Erfassung der geologischen Merkmale des Mondes begann – und zwar mit einer bis dahin nicht erreichten Präzision. Obwohl er ursprünglich als möglicher Apollo-Astronaut gehandelt wurde, musste Shoemaker aus gesundheitlichen Gründen von diesem Vorhaben ablassen. Dennoch hat er es zum Mond geschafft: Seine Asche wurde im Jahr nach seinem Tod von der Mondsonde »Lunar Prospector« dort deponiert. Damit ist Shoemaker bisher der einzige Mensch, dessen sterbliche Überreste den Weg zum Mond gefunden haben.

Die für die vorangehenden Jahrhunderte charakteristische Benennung und Umbenennung von Mondmerkmalen setzte sich auch im 20. Jahrhundert fort – eine ebenso geheimnisvolle wie komplizierte Angelegenheit, die oft in Verwirrung oder sogar Chaos mündete. Ewen A. Whitakers Buch *Mapping and Naming the Moon* (1999) behandelt einige dieser »Albträume der Namensgebung«. Immer wenn neue Merkmale entdeckt wurden, etwa nachdem die der Erde abgewandte Seite des Mondes fotografiert worden war, wurde das Fehlen genauer Regeln für die Bezeichnungen besonders offensichtlich. Sonderkomitees wurden einberufen, internationale Resolutionen verabschiedet. Krater etwa dürfen generell nur nach Verstorbenen benannt werden, und eine andere Vereinbarung besagt, dass bestimmte Arten von Mondmerkmalen wie Berge, »Rillen« und Täler mit den entsprechenden lateinischen Termini *mons, rima* und *vallis* versehen werden müssen. Während nur wenige der fantasievollen Namen vergangener Jahrhunderte bis heute verwendet werden, nennt man die dunklen Flecken weiterhin *maria*.

Die anspruchsvollen Kamerasysteme, die während der Apollo-Missionen 15, 16 und 17 zum Einsatz kamen, verbesserten die Auflösung der Bilder erheblich, führten aber auch zu neuen Herausforderungen für die Nomenklatur: Wie detailliert sollten die Karten überhaupt die Oberfläche darstellen, nachdem es nun möglich war, immer kleinere Strukturen und Gebilde zu unterscheiden? Vor welchem Punkt sollte die Benennung haltmachen?

Die visuelle Erkundung des Mondes war nur der erste Schritt einer viel umfassenderen wissenschaftlichen Unternehmung. Im 21. Jahrhundert erstreckt sich seine Untersuchung auf noch andere Dimensionen: Spektrometer ermöglichen immer genauere Analysen der mineralogischen Zusammensetzung des Mondes, und auch die Messung von Temperatur und Strahlung gelingt mit präziseren Ergebnissen als jemals zuvor. Navigationsdaten von Raumfahrtsonden haben die Existenz von Mascons nachgewiesen: Das sind Bereiche mit erhöhter Gesteinsdichte unterhalb der Oberfläche des Mondes, sogenannte Schwerefeldanomalien, die man vorwiegend auf der erdzugewandten Seite findet. Kamerasysteme sind so leistungsfähig, dass sie die Details von Gesteinsformationen ausmachen können, die gerade mal einen Meter groß sind. Die japanische Monderkundungssonde Kaguya (Selene) hat den Mond seit 2007 in einer Entfernung von etwa einhundert Kilometern umrundet. Sie setzte Laser-Höhenmesser ein, die fortwährend Impulse entsendeten, um die Oberfläche abzutasten und hochgenaue, dreidimensionale Daten über die Topografie zu ermitteln.

Dennoch ist der Mond mehr als nur Studien- und Betrachtungsobjekt, er bleibt eine Projektionsfläche für Hightech-Hoffnungen und Sehnsüchte. Der italienische Philosoph und Optiker Giambattista della Porta hat diese Idee sehr wörtlich genommen und eine überaus eigenwillige Umsetzung vorgeschlagen. In seinem Buch *Magia naturalis* (1589) formulierte er den Gedanken, den Mond zu einem Nachrichtenmedium zu erheben. Ein Parabolspiegel großer Brennweite sollte Buchstaben auf die Mondoberfläche projizieren, die dann von den Menschen auf der Erde zu lesen gewesen wären. Della Portas Idee wurde bekanntlich nie praktisch umgesetzt. Die Geschichten, die die Welt bewegen, sind auf den Computerbildschirmen nachzulesen, nicht auf einem »Mondbildschirm«.

Dunkel war's, der Mond schien helle

Freundlich ist deine Stirn, helles Auge der Nacht,
weiß bekleideter Mond, lächelnd ist deine Wang'
der die silberne Fackel schwingt ...

Ludwig Heinrich Christoph Hölty

Wie hell ist das Licht des Mondes? Darauf gibt es keine einfache Antwort, weil die Intensität des Mondlichts von mehreren Faktoren beeinflusst wird. Bei Vollmond ist die Helligkeit etwa 25-mal stärker als bei Viertelmond und 250-mal stärker als in einer klaren, mondlosen Nacht. Da Erde und Mond keiner perfekten Kreisbahn folgen, variieren die Entfernungen zwischen Erde, Mond und Sonne, was ebenfalls unmittelbare Auswirkungen auf die Stärke des Mondlichts hat. Die helleren Hochebenen des Mondes reflektieren deutlich mehr Sonnenlicht als die dunkleren – 12 bis 18 Prozent im Vergleich zu 5 bis 10 Prozent. Auch die atmosphärische Absorption, also der Verlust, der eintritt, wenn das Licht die Atmosphäre passiert, beeinflusst die Helligkeit des Mondes. Luftschichten mit geringer Feuchtigkeit und Verschmutzung beeinträchtigen die Intensität nur unwesentlich, während feuchte Luft und Schmutzpartikel das Licht abschwächen. Deshalb scheint der Mond auch in trockeneren Klimazonen besonders stark zu leuchten. Neben der Luftqualität kann auch die Luftmasse, die die Lichtstrahlen durchdringen müssen, stark variieren. Wenn der Mond direkt über uns steht, muss sein Licht wesentlich weniger Luftmasse durchdringen, als wenn er sich am Horizont befindet. Beide Faktoren – Absorption und Luftmasse – sind also entscheidend dafür, wie hell uns der Mond erscheint. Aber selbst in seiner stärksten Intensität leuchtet das Mondlicht viel schwächer als das Sonnenlicht.

Eine Frage bleibt zunächst noch offen. Betrachten wir hier auf der Erde ein Stück Kohle, glänzt es für uns immer pechschwarz – warum nehmen wir hingegen den Vollmond als mehr oder weniger weiß wahr, obwohl das Oberflächengestein von grau-schwarzer Färbung ist? Bisher galt als Erklärung, dass die Streureflexion der verschiedenen Wellenlängen des Sonnenlichts dafür verantwortlich ist, aber in jüngster Zeit haben Wissenschaftler verschiedener Disziplinen andere hypothetische Ursachen für diese offensichtliche Illusion formuliert. Sobha Sivaprasad und George M. Saleh vom Princess Royal University Hospital in Orpington, Kent (England), meinen zum Beispiel, dass das menschliche Auge die Farbe auf der Grundlage relativer Eingaben berechnet. Wenn wir den Mond betrachten, vergleichen wir ihn gleichzeitig mit seiner Umgebung, der Schwärze des Weltalls, wodurch er, wie die beiden Wissenschaftler schreiben, »eine künstliche Aufhellung« erfährt, sodass wir den grau-schwarzen Mond als weiß wahrnehmen. Paola Bressan von der Universität Padua erinnert uns an den von Adhémar Gelb, Direktor des Frankfurter Psychologischen Instituts, beschriebenen Mechanismus. Gelb hatte 1929 in einem verdunkelten Raum eine schwarze Pappscheibe aufgehängt und sie dann mit einem Lichtstrahl erhellt. »Dass sie schwarz war, wurde nur deutlich, sobald eine Oberfläche mit stärkerer Strahlkraft – wie ein Blatt weißen Papiers – in den Lichtstrahl gebracht und hinter der schwarzen Scheibe positioniert wurde«, erklärt Bressan. »Sobald das weiße Papier weggenommen wurde, veränderte sich die schwarze Oberfläche wieder in eine weiße, womit nachgewiesen wurde, dass sich die Wahrnehmung nicht vom Wissen über die ›wirkliche‹ Farbe der Scheibe beeinflussen lässt.« Der sogenannte Gelb-Effekt zeigt, »dass die stärkste Helligkeit in einer bestimmten Situation als weiß wirkt«, und bestätigt, dass der Mond, weil er die hellste Region am Nachthimmel ist, lediglich weiß *erscheint*, es aber natürlich nicht wirklich ist.

Wie Sonnen- und Mondlicht die Wahrnehmung der Welt um uns herum beeinflussen, kann man in Gegensätzen formulieren: Die Intensität des Sonnenlichts lässt alles in deutlich umrissenen Konturen und in strahlenden Farben hervortreten. Sonnenlicht steht für Klarheit und Wahrheit, eine verzerrte Wahrnehmung lässt sich eigentlich ausschließen. Im Kontrast zum dunklen Nachthimmel wirkt der Mond zwar noch heller und weißer als die Sonne während des Tages, aber sein Licht scheint unserer Welt ihre Farben und auch ihre Wärme zu entziehen und sie nur noch in Abstufungen von Grau zu zeigen. Doch nicht nur das: Die Abstände zu Gegenständen in unserer Umgebung scheinen zu schwanken und gaukeln uns falsche Eindrücke vor. Auch Unbewegtes wirkt im Mondlicht auf geradezu unheimliche Weise bewegt und veränderlich, weil das schummrige Licht unseren Wahrnehmungen mehr Spielraum lässt. Wie eine Droge schafft das Mondlicht eine andere Sensibilität, es verstört die Sinne, lässt Bekanntes anders erscheinen. Man betrachtet die gewohnten Dinge aus einem veränderten Blickwinkel und stellt sie vielleicht sogar infrage.

Rein physikalisch gesehen ist Mondlicht dasselbe wie Sonnenlicht, nur nimmt das menschliche Auge beides unterschiedlich wahr. Die Welt erscheint im Mondlicht grau, weil seine Intensität gerade unterhalb der Schwelle liegt, an der die farbempfindlichen Rezeptoren der Netzhaut aktiviert werden, aber immer noch deutlich oberhalb der wesentlich höheren Schwelle für einfache Lichtrezeptoren. Lange Belichtungen von Gegenständen mit Farbfilm zeigten, dass, obwohl wir sie nicht sehen können, die Farben auch bei Mondlicht tatsächlich in ihrem vollen

Spektrum vorhanden sind. Und noch ein weiteres Phänomen lässt sich in diesem Zusammenhang beobachten: Wenn wir eine in Mondlicht getauchte Landschaft lange genug betrachten, damit sich unsere Augen an die Dunkelheit gewöhnen können, erscheint das anfängliche Grau eher als Blau. Diese sogenannte Blauverschiebung ist das Ergebnis einer bestimmten Reaktion der Stäbchen, der Fotorezeptorzellen der Netzhaut.

Schon griechische Philosophen wie Thales von Milet, Anaximander, Pythagoras, Parmenides oder Empedokles hatten die Theorie entwickelt, dass der Mond nur deswegen scheint, weil er das Licht der Sonne reflektiert. Auch die alten Ägypter hatten diese Überlegung angestellt, während man davon in Westeuropa erst im 12. Jahrhundert erfuhr. Allerdings blieb lange die Unsicherheit bestehen, ob der Mond nicht womöglich doch sein eigenes Licht abstrahlt. Auch Leonardo da Vinci beschäftigte sich mit dieser Frage. Er hatte einerseits erkannt, dass der Mond sein Licht nicht selbst hervorbringt, sondern von der Sonne bezieht, vermutete aber auch, dass der dunkle Mond seinerseits »Glanz« von den Gewässern der Erde verliehen bekommt, wenn sie das Sonnenlicht auf ihn zurückwerfen. Tatsächlich ist die Rückstrahlung der Erde so intensiv, dass wir sie als sekundäre, indirekte Reflexion auf den von der Sonne nicht beleuchteten Flächen des Mondes wahrnehmen. Einige Tage vor und nach Neumond, wenn nur die sichelförmige Fläche von der Sonne bestrahlt wird, ist die übrige Mondscheibe ebenfalls deutlich sichtbar – ein altes astronomisches Sprichwort umschreibt diesen Sachverhalt damit, dass »der alte Mond in den Armen des neuen« liege. Dieses schwache aschgraue Licht erfüllt die ganze Hemisphäre des Mondes und gewinnt an Stärke, wenn die Sichel schmaler wird. Alexander von Humboldt beschrieb dieses Verhältnis in *Kosmos* wie folgt: »Je weniger der Mond für die Erde erleuchtet erscheint, desto mehr ist erleuchtend die Erde für den Mond.« Er bezeichnete das Phänomen als den »Widerschein eines Widerscheins«. Erdschein, Erdlicht oder *clair de terre*, wie man es auch nennt, hat als reflektiertes Licht von bereits einmal reflektiertem Sonnenlicht drei Wege zurückgelegt: von der Sonne zur Erde, von der Erde zum Mond und von dort noch einmal zurück zu den Augen des Beobachters auf der Erde. Bei Vollmond ist der Erdschein von hier aus nicht mehr sichtbar.

Früher bereitete die Erklärung des Erdscheins einige Schwierigkeiten. Zuweilen suchte man seine Quelle direkt im Mond, der dann für durchsichtig gehalten wurde, oder man führte den Erdschein auf eine Reflexion der Venus zurück.

Die Auffassung des Aristoteles, der Mond spiegle die Erde, wurde von einigen Forschern des 18. und 19. Jahrhunderts weitergedacht. Der deutsche Physiker und Astronom Johann Heinrich Lambert zum Beispiel behauptete, am 14. Februar 1774 gesehen zu haben, wie sich die aschgraue Farbe des Mondlichts in eine olivgrüne, etwas ins Gelbe spielende veränderte. Er hatte dafür die folgende, weit hergeholt wirkende Erklärung: »Der Mond, der damals senkrecht über dem atlantischen Meere stand, erhielt in seiner Nachtseite das grüne Erdenlicht, welches ihm bei wolkenfreiem Himmel die Waldgegenden von Südamerika zusendeten.« Alexander von Humboldt kam der Sache näher, als er beobachtete, »dass die so verschiedene Intensität des aschgrauen Lichtes des Mondes von dem stärkeren oder schwächeren Reste des Sonnenlichts herrührt, das auf die Erdkugel fällt: je nachdem dasselbe von zusammenhängenden Continental-Massen voll Sandwüsten, Grassteppen, tropischer Waldung und öden Felsbodens; oder von großen oceanischen Flächen zurückgeworfen wird«. Auch Camille Flammarion beschäftigte sich in der zweiten Hälfte des 19. Jahrhunderts mit diesem Phänomen und verknüpfte es mit einer für seine Zeit erstaunlichen Entdeckung: »Das aschgraue Licht, der Reflex eines Widerscheins, gleicht einem Spiegel, in welchem man die leuchtende Erde sähe. Im Winter, wenn der größte Teil einer Erdhemisphäre von Schnee bedeckt ist, ist es merklich heller. Vor der geografischen Entdeckung Australiens hatten die Astronomen das Vorhandensein dieses Erdteils aus dem aschgrauen Licht erraten, das viel zu hell war, als dass es der Reflex des düstern Ozeans hätte sein können.«

Im alten Indien bezeichnete man den Mond als König der Sterne und als der Kalte oder Kaltstrahlende, weil man meinte, er würde Kälte von sich geben. Der griechische Schriftsteller Plutarch kam der Wahrheit schon etwas näher, als er beklagte, das vom Mond reflektierte Sonnenlicht büße seine Wärme ein, sodass nur ein schwacher Rest übertragen werde. Tatsächlich gibt der Mond etwas Wärme ab, sie ist jedoch kaum messbar. Im Jahre 1725 bündelte der französische Geophysiker und Astronom Pierre Bouguer, der als Begründer der Fotometrie gilt, das Licht des Vollmonds im Brennpunkt eines Hohlspiegels. Nachdem er die Versuchsanordnung in vier Nächten wiederholt hatte, zog er den Schluss, dass das Licht des Vollmonds ungefähr 300 000 Mal schwächer sei als das der Sonne. Und 1860 benutzte George Bond, der Direktor des Observatoriums der Harvard University, eine große, mit einer reflektierenden Silberschicht versehene Glaskugel, um schließlich festzustellen, dass die Sonne 470 980 Mal intensiver strahlt als volles Mondlicht. Moderne Analysemethoden haben das Verhältnis auf ungefähr 400 000:1 festgelegt; Bond kam dem Wert also schon recht nahe.

Im Jahre 1846 unternahm der italienische Physiker Macedonio Melloni auf seiner meteorologischen Station auf dem Vesuv den Versuch, die Temperatur der Mondstrahlen zu messen, die während der verschiedenen Phasen die Erdatmosphäre erreichen. Ein ähnliches Experiment wurde zehn Jahre später von Charles Piazzi Smyth, dem königlichen Astronomen Schottlands, wiederholt, der dazu mit seinem dem neuesten Stand der Technik entsprechenden Messgerät den Monte Guajara auf Teneriffa bestieg. Während Melloni nur minimale Temperaturerhöhungen feststellen konnte, kam Smyth zu dem anschaulichen Schluss, dass die Wärme des Mondlichts einem Drittel der Wärme einer Kerze im Abstand von etwa fünf Metern entspreche.

Tausende Generationen vor uns mussten sich mit einer Welt ohne Kunstlicht arrangieren, sie erlebten den Nachthimmel ganz anders. Tag und Nacht wurden viel unterschiedlicher wahrgenommen als heute – und waren es damit tatsächlich auch. Wenn man in oder auch nur in der Nähe einer großen Stadt wohnt, wird man kaum jemals eine stockfinstere Nacht erleben, wie sie sich unseren Vorfahren noch vor wenigen Jahrhunderten zeigte. Selbst wenn der Mond und einige Sterne sichtbar sind, muss sich ihr Licht gegen unzählige Straßenlampen, Leuchtreklamen und andere Lichtquellen behaupten. Der englische Essayist Alfred Alvarez meint, dass man als Großstädter die Nacht *vergisst* – den Mond auch, könnte man noch hinzufügen. Nur wenn der Strom einmal ausfällt oder wir außerhalb der Stadt in der Natur unterwegs sind, bekommen wir eine Ahnung davon, wie der Nachthimmel auf die Menschen früherer Zeiten gewirkt haben muss.

Früher verbrachten Menschen im Durchschnitt viel mehr Zeit im Freien als heute; helle Tage und dunkle Nächte waren eine körperliche und sinnliche Erfahrung, die auf die Körperrhythmen und die Organisation ihrer Schlafphasen zurückwirkte. Mondlose Nächte konnten als geradezu dramatisch erlebt werden. Der französische Historiker Jérôme Carcopino beschreibt das eindringlich am Beispiel des antiken Rom: »Roms Straßen versanken, wenn der Mond nicht schien, in tiefste Dunkelheit. Keine Öllampen, keine Wandleuchter mit Kerzen, keine Laternen an den Türpfosten erhellten die Nacht. Rom erstrahlte lediglich bei den außergewöhnlichen Illuminationen, die zum Zeichen eines allgemeinen Freudenfestes stattfanden ... In normalen Zeiten jedoch legte sich die Nacht düster und drohend wie ein unheilvoller Mantel über die Stadt. Jeder eilte nach Hause, schloss ab und riegelte sich ein. Die Geschäfte lagen verlassen, die Sicherheitsketten spannten sich fest hinter den Türflügeln, die Blumentöpfe mit ihrer bunten Pracht wurden von den Fensterbänken hereingeholt, die Läden der Wohnungen geschlossen.«

Natürlich gab es Feuerstellen und später Kerzen und Öllampen, dennoch waren künstliche Lichtquellen bis vor wenigen Jahrhunderten den privilegierten Bevölkerungsschichten vorbehalten. Für die Mehrheit der Menschen war die Nacht eine Zeit völliger Dunkelheit, die nur von Phasen mit besonders intensivem Mondlicht unterbrochen wurde. Die wenigen Lichtquellen verbreiteten im Vergleich zu den heutigen elektrischen einen winzigen Bruchteil des Lichts; entsprechend beeinflussten sie den natürlichen Tag- und Nachtrhythmus in weit geringerem Maße.

Damit kam dem Mondlicht während einer Nacht mit klarem oder nur teilweise bedecktem Himmel eine besondere Bedeutung zu: Die Menschen blieben länger wach und schliefen weniger; sie lebten nach dem Mond, er war für sie eine blasse Nachtsonne. Jäger und Sammler verstanden es, dieses Licht auch für nächtliche Aktivitäten zu nutzen. Später, nachdem sich die Landwirtschaft entwickelt hatte, erlaubte starkes Mondlicht den Bauern, ihre Arbeit bis in die Nacht fortzusetzen, wenn die Früchte reif geworden waren. Als »Erntemond« galt die Vollmondphase im September, wenn der Mond an mehreren Abenden hintereinander aufging. Wenn man im Englischen jemandem »moonlighting« nachsagt, bedeutet das, dass der Betreffende abends oder nachts einer zusätzlichen oder ungewöhnlichen Beschäftigung nachgeht.

Bis heute suchen Nomaden der Sahara tagsüber einen vor Hitze geschützten Ort auf, nachts weist der Mond ihnen bei ihren Wanderungen durch die kühle Dunkelheit den Weg. Am Roten Meer kann man Fischer dabei beobachten, wie sie im Mondlicht von ihren kleinen Booten aus die seichten Uferzonen absuchen und nur hin und wieder eine Lampe einsetzen, um einen der großen farbigen Fische anzulocken. In unserer von Hightech geprägten Kultur bereitet es manchen Jägern einen besonderen Nervenkitzel, unter erschwerten Bedingungen auf Pirsch zu gehen. Sie können sich dazu mit speziellen Nachtsichtlinsen »bewaffnen«, die Lichtstrahlen von Mond und Sternen dabei in einer Fotokathode bündeln: eine Technik, mit deren Hilfe sie ihre Sicht stark verbessern können.

Doch selbst bei harmloseren Aktivitäten hatte das Mondlicht vor der Erfindung des künstlichen Lichts eine wichtige Funktion. Der Mond wies dem Wanderer den Weg zum Brunnen und zurück nach Hause. Alte Uhren geben nicht nur die Stunden an, sondern auch die Mondphasen: Reisen legte man gern in Vollmondphasen, um zusätzliche sicherere Reisezeit zu gewinnen. Natürlich war eine »mondhelle« Nacht nie so hell wie der Tag, aber immerhin konnte der nächtliche Reisende bei Mondschein die Route einigermaßen deutlich erkennen. Der amerikanische Schriftsteller Henry David Thoreau, ein überaus wacher Beobachter von Naturerscheinungen, floh oft ganz bewusst vor der Zivilisation und streifte nachts durch menschenleere Gebiete. Er notierte in sein Tagebuch: »Durch die Schatten, die von den Unebenheiten der tonerdigen Sandhügel des Deep Cut (die Strecke der Fitchburg-Eisenbahnlinie) geworfen werden, wurde mir klar, dass man Objekte sowohl im Mond- als auch im Sonnenlicht sehen muss, um sich einen umfassenderen Begriff von ihnen machen zu können. Der Hügel hatte am Tag, bei starkem Licht, viel flacher gewirkt, aber jetzt ließen die schweren Schatten seine Erhebungen hervortreten.« Thoreau sah den Mond in einem »fortwährenden Krieg mit den Wolken«, einem Krieg mit Folgen für jeden, der bei einer nächtlichen Wanderung durch die Landschaft um Orientierung rang. Vielleicht erklärt dies, warum Julius Cäsar angeblich gerne bei Neumond in die Schlacht zog, um den Feind besser verwirren zu können.

Am spektakulärsten ist die Wirkung des Mondlichts an langen Sandstränden und in den Dünen oder im Winter, wenn es vom Schnee reflektiert wird. Wenn der Mond in einer Bergregion nah am Horizont steht, erscheint seine Oberfläche wie die eines weit entfernten Felsgipfels, was einige Beobachter zu der Schlussfolgerung veranlasste, der Mond bestehe aus demselben Material wie die Erde. Ein Beispiel für diese Anschauung ist der Vergleich, den John Herschel (der Sohn des berühmten Astronomen William Herschel) in seinen *Outlines of Astronomy* (1849) angestellt hat, und zwar zwischen der Mondoberfläche, die er bei seiner Reise nach Südafrika beobachtet hatte, und dem verwitterten, vom Sonnenlicht beschienenen Sandsteinfelsen: »Ich habe oft Vergleiche gezogen, wenn der untergehende Mond hinter der grauen, senkrechten Fassade des Tafelberges unterging, der von der am gegenüberliegenden Viertel des Horizonts gerade aufgegangenen Sonne bestrahlt wurde; in diesem Moment konnte man seine Helligkeit kaum von der des Felsens unterscheiden, den er quasi berührte. Wenn Sonne und Mond praktisch auf gleicher Höhe stehen und die Atmosphäre frei von Wolken oder Dunst ist, ist der Effekt auf beiden Körpern derselbe.« Selbst Bauwerke können im Mondlicht geradezu magische Wirkung entfalten. Jacqueline Kennedy ist beispielsweise während eines Staatsbesuchs extra noch einmal zum indischen Mausoleum Taj Mahal zurückgekehrt, um es im Mondlicht zu sehen.

Ist der Mond tagsüber sichtbar, erscheint sein Licht völlig anders: Ohne jeden Anflug von Gelb wirkt er im blauen Licht der Atmosphäre ganz weiß. In seinem Werk *Kosmos - Entwurf einer physischen Weltbeschreibung* (1868) verglich Alexander von Humboldt das vom Mond reflektierte Sonnenlicht mit dem von einer weißen Wolke reflektierten und meinte, es sei »nicht selten schwer, die Mondscheibe zwischen den lichtintensiveren Haufenwolken zu erkennen«. Hoch in den Bergen, so fuhr er fort, »da wo bei heiterer Bergluft nur federartige Cirrus am Himmelsgewölbe zu sehen ist, wurde mir das Aufsuchen der Mondscheibe um vieles leichter, weil der Cirrus seiner lockeren Beschaffenheit nach weniger Sonnenlicht reflektiert und das Mondlicht auf seinem Wege durch dünne Luftschichten minder geschwächt ist«.

Helles Mondlicht erleichterte Zusammenkünfte und half Sklaven dabei, auf der Flucht vor ihren Unterdrückern den Weg durch die Nacht zu finden. Andererseits ermutigte eine Vollmondnacht Diebe bei ihren Vorhaben, da sie nun auf Kunstlicht verzichten konnten. Bei der Wirkung des Mondlichts gehen rationale und irrationale Aspekte häufig Hand in Hand: Obwohl nächtliches Herumstreunen gewisse Gefahren mit sich bringt, kann die Gegenwart des Mondes dem Wanderer das Gefühl geben, nicht ganz einsam zu sein. Und wenn er sich draußen, womöglich ungeschützt, schlafen legen muss, kann er sich zumindest der Illusion hingeben, der Mond werfe ein »Auge« auf ihn. Bis heute ist es bei den Zande in Zentralafrika üblich, sich während mondbeschienener Nächte kleine, immer wieder ein wenig anders gestrickte Schwindlergeschichten zu erzählen. Offenbar animiert sie die Atmosphäre besonders dazu.

Geradezu unermesslich groß muss die Bedeutung des Mondes für Reisende gewesen sein, die an Bord eines Schiffes den Ozean durchquerten. Bei starkem Sturm, in hoffnungslos erscheinender Lage, spendete der zwischen den Wolken hervorlugende Himmelskörper nicht nur sein Licht zur Orientierung, sondern war auch ein imaginärer Rettungsanker – während alles wankte, blieb er unverrückbar am Himmel stehen. Man geht heute davon aus, dass die Wachposten an Bord der Titanic während einer Vollmondnacht in der Lage gewesen wären, den Eisberg so rechtzeitig zu erkennen, dass der Dampfer noch seinen Kurs hätte ändern und die Kollision vermeiden können. Heute werden große Entfernungen meistens per Flugzeug zurückgelegt, aber selbst dann kann der Mond ein eindrucksvoller Anblick sein. Wer bei einem Nachtflug den Sichtschutz herunterschiebt, kann mit etwas Glück sehen, wie sich das Mondlicht auf der Meeresoberfläche spiegelt.

Mondlicht hat Menschen nicht nur dabei geholfen, tagestypische Aktivitäten in die Nacht zu verlegen, manches geschieht auch ganz gezielt und geplant nur, wenn der Mond scheint. Es heißt zum Beispiel, dass der Schriftsteller Rupert Brooke mit seiner Jugendfreundin Virginia Woolf häufig nachts im Fluss zu baden pflegte. Monatlich stattfindende *raves* bei Vollmond am Strand von Koh Phangan in Thailand sind seit den 1990er-Jahren sowie durch den Film *The Beach* (2000, unter anderem mit Leonardo DiCaprio) eine Attraktion für Zehntausende Rucksacktouristen aus aller Welt geworden. Vielen bleibt eine Schifffahrt auf dem Bosporus in unvergesslicher Erinnerung. Während die Strahlen des hoch stehenden Mondes die schwarzen Wellen beleuchten und man über das Wasser schippert, hat man das Gefühl, man bade im Mondlicht und *Aymelek*, der Mondengel, sei zum Greifen nah.

Redensarten vieler Länder verbinden den Mond mit Liebe und anderen starken Gefühlsbekundungen. »Du bist so schön wie der Vollmond« ist ein beliebtes Kompliment im arabischen Kulturkreis. Im Westen meint man, dass der häufig mit einem milden Lächeln dargestellte personifizierte Mond in der Lage sei, die Menschen aus der Ferne zu beobachten und ein Geheimwissen oder sogar eine gewisse übernatürliche Macht über den Lauf der Dinge besitze. Er steht immer dort oben und sieht alles, so will man glauben. Wer kennt nicht den Herrn Mond als guten Geist vieler Geschichten, der seine wohltuenden Strahlen durch die Nacht schickt und die friedlich schlafenden Kinder beschützt?

Wenn sich ein Liebespaar heimlich in seinem Schein trifft, ist der Mond der einzige Zeuge – und vielleicht der Erste, der von dieser Verbindung erfährt. Umgekehrt ist die Gegenwart des Mondes geeignet, die Gefühle der Verliebten zu verstärken, er wird geradezu zum Symbol ihres Bundes. Wie Doreen Valente in ihrer Ethnografie diverser esoterischer Praktiken *Where Witchcraft Lives* (Wo die Hexerei zuhause ist, 1962) schreibt, ist es weitverbreitet zu glauben, »dass Mondlicht eine sexuell stimulierende und erregende Wirkung auf Menschen« hat. Dabei deutet alles, was wir heute darüber wissen, darauf hin, dass dafür eher die starken kulturellen Assoziationen verantwortlich sind, die wir mit ihm verbinden. Die Gegenwart des Mondes kann tatsächlich eine romantische oder erotische Stimmung befördern, weil er Erinnerungen und Assoziationen wachruft. Sex bei Vollmond unter freiem Himmel steht dem Rendezvous bei Kerzenschein an Romantik gewiss in nichts nach. Doch die Schönheit des Mondes und die starken Gefühle für den geliebten Menschen können auch die banalen Gefahren solcher nächtlicher Nacktheit vergessen lassen. Marcel Proust könnte etwas dieser Art gemeint haben, als er über einen Mann schrieb, er habe wohl »die schönen, bei Mondschein in den Wäldern verbrachten Nächte vergessen« – obwohl er immer noch an dem Rheumatismus litt, den er sich dabei zuzog. Im vollen Bewusstsein seines schädlichen Potenzials führte Proust an anderer Stelle aber auch die Unschuld des Mondes bei Tag an, wenn er »nur ein weißes Wölkchen von besonders deutlich umrissener, unveränderlicher Gestalt zu sein scheint«.

Der Mond hat aber auch Aktivitäten inspiriert, die nichts mit Liebe zu tun haben. Die Mitglieder der Birminghamer *Lunar Society*, der »Mond-Gesellschaft«, eines von Erasmus Darwin ins Leben gerufenen Zusammenschlusses erfolgreicher Geschäftsleute, Naturkundler und Intellektueller, traf sich ab 1765 rund 50 Jahre lang, um Experimente durchzuführen und gemeinsam die neuesten Entwicklungen in Chemie, Elektrizität, Medizin und Ökonomie zu erörtern. Der Name erklärt sich dadurch, dass man sich immer am ersten Montagabend nach Vollmond traf, um den anschließenden Weg nach Hause sicher zu finden – Straßenbeleuchtung war seinerzeit eben noch keine Selbstverständlichkeit.

Eine ganz besondere Kombination aus wissenschaftlicher Neugier, künstlerischer Ambition und mediterraner Sensibilität hat Italien zu einer Art Brutstätte für Mondträumereien verschiedenster Couleur gemacht. Es ist eine Tradition, die mindestens bis zu dem mittelalterlichen Dichter Dante Alighieri zurückreicht, jenem intimen Kenner der Himmelskunde, der in seiner *Göttlichen Komödie* den unbeständigen Seelen in der Sphäre des ebenso wechselhaften Mondes begegnet. Sie setzt sich fort bei Leonardo da Vinci, Giordano Bruno und Galileo Galilei und erreicht ihren vorläufigen Höhepunkt in den melancholischen Mondgedichten von Giacomo Leopardi, über dessen Dichtung Italo Calvino in *Sechs Vorschläge für das nächste Jahrtausend* geschrieben hat, »dass er die Sprache von aller Schwere befreit hat, sodass sie schließlich dem Mondlicht ähnlich geworden ist ... Sobald der Mond in den Versen der Dichter auftaucht, hat er seit jeher die Macht, ein Gefühl von Leichtigkeit zu vermitteln, von gewichtlosem Schweben, von stillem und ruhigem Zauber.« In der italienischen Kultur ist der Mond nicht einfach nur etwas, das man beobachten kann; er wird zu einer Figur mit ganz besonderen Eigenschaften, zu einem verständnisvollen Wesen. Vielleicht wurde Johann Wolfgang von Goethe im Umfeld italienischer Dichtung besonders empfänglich für die Reize des Mondes, als er über seinen Aufenthalt in Neapel schrieb: »Aber weder zu erzählen noch zu beschreiben ist die Herrlichkeit einer Vollmondnacht, wie wir sie genossen, durch die Straßen über die Plätze wandelnd, auf der Chiaja, dem unermesslichen Spaziergang, sodann am Meeresufer hin und wider. Es übernimmt einen wirklich das Gefühl von Unendlichkeit des Raums. So zu träumen ist denn doch der Mühe wert.«

Doch auch in den Literaturen anderer Länder kommt dem Mond eine beherrschende Rolle zu. William Shakespeares *Sommernachtstraum* spielt in einem Land voller Elfen im Mondlicht. Der Mond ist hier eine starke Kraft, die auf die Darsteller eine berauschende Wirkung hat und seltsames, zuweilen unerlaubtes Verhalten heraufbeschwört. Er verweist auf Träume, auf eine Welt, in der sich Fantasie und Wirklichkeit vermischen. Hippolyta, die Verlobte von Theseus, dem Herzog von Athen, der Freude über ihre Hochzeit Ausdruck verleiht, ruft sie aus: »Vier Tage tauchen sich ja schnell in Nächte; / Vier Tage träumen schnell die Zeit hinweg: / Dann soll der Mond gleich einem Silberbogen / Am *Himmel* neu gespannt, die Nacht beschaun / Von unserm Fest.« (I, 1)

Derselbe Mond, der die Verbindung der Liebenden mit seinem Segen versieht, gefährdet sie jedoch auch mit seiner Wandelbarkeit, mit Sinnenlust und Chaos. In dem großen anderen Liebesdrama Shakespeares wird der Mond so sehr als Bedrohung einer unendlichen Liebe aufgefasst, dass Julia ihren Geliebten bittet: »O schwöre nicht beim Mond, dem wandelbaren, / der immerfort in seiner Scheibe wechselt, / damit nicht wandelbar dein Lieben sei!« (*Romeo und Julia*, II, 2)

Der Mond und sein Licht bzw. sein Schein sind auf viele Arten charakterisiert worden, insbesondere als weich, blass, süß, betörend, schön, rätselhaft, sanft und ruhig. Unabhängig von der tatsächlichen und geringen Temperatur wurde er, entsprechend den jeweils hervorgerufenen Gefühlen, mal als warm oder als kalt beschrieben. Manchmal wird er mit Melancholie in Verbindung gebracht, vielleicht wegen der Blässe seines Lichts, vielleicht aber auch, weil manche Menschen eher nachts für diese Gemütsverfassung empfänglich sind – in diesem Sinne ist er das

Gegenteil der Sonne, die solch eine Stimmung kaum zulässt. Der englische Dichter Percy Bysshe Shelley zog bei seiner Beschreibung des abnehmenden Mondes einmal einen ungewöhnlich düsteren Vergleich: »Wie eine Sterbende, die, bleich und schwach, / In dünne Schleier gehüllt, aus dem Gemach / Hervorwankt, vom wahnwitzigen, irren Bangen / des trübe träumenden Gehirns befangen: /Steigt über dunstige Erd' der Mond empor, / Ein weißer und formloser Klumpen.«

In einigen Kulturen ist der Mond gleichbedeutend mit Unschuld und Reinheit. So besagt eine Redensart in Sri Lanka, dass Liebe »so rein wie das Mondlicht« sein soll. Andere Traditionen sehen dagegen seine dunkle Seite: Er ist Teil der Nacht – eine Zeit, in der die Ordnung und Kontinuität der Welt des Tageslichts aufgehoben sind. Zwar bringt die Nacht nach einem anstrengenden Tag Erholung, aber sie wird auch mit Schlaflosigkeit, Geistern und sogar mit Tod in Verbindung gebracht – und das gilt auch für den Mond. Im Mondschein schleichen seltsame Gestalten herum, oder man vernimmt das Echo eines verrückten Lachens, dessen Quelle rätselhaft bleibt. Die Grenzen von Liebe, Tod und Wahnsinn verschwimmen. Der Mond kann für dunkle Beweggründe und Unmoral stehen. Besonders die Verfasser von Schauerliteratur haben die mit der Nacht und dem Mond verbundenen Ängste für ihre Zwecke verwendet. Joseph Conrad beschrieb in *Lord Jim,* dass »der Mond über dem Spalt zwischen den Hügeln wie ein Gespenst aus einem Grab aufgestiegen war. Sein Schein senkte sich herab, kalt und blass, wie der Geist einer toten Sonne«. Und weiter: »Das Mondlicht hat etwas Gespenstisches; es besitzt die ganze Leidenschaftslosigkeit einer körperlosen Seele und ebenso etwas von ihrem unbegreiflichen Geheimnis. Es verhält sich zum Sonnenlicht, das – ihr könnt sagen, was ihr wollt – für uns das Leben selbst bedeutet, wie das Echo zum Schall: irreführend und verwirrend, ob der Ton nun spöttisch ist oder traurig. Es beraubt alle Materie – die nun einmal unser Element ist – ihres Gehalts und verleiht nur den Schatten eine sinistre Realität.« In Fantasy- und Horrorgeschichten wird der Mond als Schauermotiv oft begleitet von Tieren wie Eulen und Fledermäusen, die besonders in der Dämmerung und Nacht aktiv sind, oder sogar von Vampiren und Werwölfen.

Trotz alledem bringt der Mond auch Licht in die Finsternis. Er schwächt den Unterschied zwischen Tag und Nacht ab und lindert so Angst und Aberglaube. So paradox es klingen mag: Der Mond kann als Hoffnungssignal gegen genau jene Angst und dieselben abergläubischen Vorstellungen angesehen werden, welche die Dunkelheit häufig auslösen.

Auf Gemälden verleiht der Mond den Szenerien eine dramatische Qualität, zuweilen sogar eine magische Aura. Das Bild *Flucht nach Ägypten* (1609/1610) von Adam Elsheimer, der mit Galileis Arbeit vertraut gewesen zu sein scheint, ist nicht nur wegen der akkuraten Darstellung des Mondes mit all seinen *maria* bemerkenswert, sondern auch wegen der suggestiven Vergegenwärtigung einer Nachtlandschaft mit all ihren Lichtquellen, einschließlich des sich im Wasser spiegelnden Mondes. Künstler der Romantik haben uns eine Vielzahl von Bildern hinterlassen, auf denen der Mond zu sehen ist – er erscheint nah und doch fern. In vielen Fällen wird ihm eine mythische oder religiöse Symbolik zugeschrieben. Er steht für die Ehrfurcht vor der Natur oder für die Kraft der Schöpfung. Maler haben sein Licht dargestellt, das sich in Seen und Meeren widerspiegelt, wie es durch Baumzweige kriecht oder Ebenen, Berge, Städte und Häfen bescheint – man könnte aus ihnen eine ganze Klassifikation von Mondstimmungen ableiten. Bewusst oder unbewusst haben diese Künstler durch die Darstellung der anziehenden Aspekte des Mondes dazu beigetragen, eine neue Haltung zur Nacht zu entwickeln; diese als eine Zeit zu betrachten, in der man sich wohlfühlen kann. Die Landschaftsszenerien des englischen Malers Joseph Wright of Derby, der gerne mit Lichteffekten experimentierte, werden nur von Mondlicht erhellt. Ein Beispiel ist *Virgil's Tomb*. In diesem Werk ist das Mondlicht von so hoher Intensität, dass es sogar das Innere des Grabmals erhellt.

Für den japanischen Künstler Tsukioka Yoshitoshi war der Mond eine geradezu heilige Angelegenheit. In den 1880er-Jahren schuf er eine faszinierende Reihe von Farbholzschnitten mit dem Titel *Einhundert Ansichten des Mondes*. Diese zeigen sowohl der japanischen als auch der chinesischen Mythologie entlehnte Gestalten, jeweils in einem bestimmten landschaftlichen Zusammenhang, der auch vom Mond geprägt wird. In der japanischen Ästhetik wird der Mond als Objekt der Schönheit oft mit dem Herbst in Verbindung gebracht. Er ist eine Jahreszeit, die Melancholie hervorruft, weil das Jahr sich dem Ende zuneigt. In der westlichen Kultur ist hingegen eher die Ikonografie verbreitet, nach der sich der Herbst mit fröhlichen Herbstfeierlichkeiten und im Falle von Halloween mit Tod, Geistern und dem Unheimlichen verbindet.

In der klassischen Musik gibt es zahlreiche Bezüge zum Mondlicht. Die *Suite bergamasque*, eine der bekanntesten Klavierkompositionen von Claude Debussy, enthält das Stück »Clair de lune« (Mondlicht), zu dem er sich von einem Gedicht Paul Verlaines inspirieren ließ. Auch Gabriel Fauré komponierte ein ruhiges, stimmungsvolles Stück mit demselben Titel. Es überrascht, dass der wohl bekannteste Komponist von »Mondmusik«, Ludwig van Beethoven, selbst gar nichts mit dem Titel *Mondscheinsonate* zu tun hatte. Die »Sonata quasi una fantasia«, der Gräfin und Klavierschülerin Beethovens Giulietta Guicciardi gewidmet, erhielt diesen Namen sogar erst nach seinem Tod. Er geht auf einen Musikkritiker zurück, der sich, als er die Sonate hörte, an das Mondlicht auf dem Vierwaldstättersee erinnert fühlte.

Ein neueres Musikbeispiel: In *Tintarella di luna* (1959) singt die italienische Sängerin Mina von einem Mädchen, das sich lieber im Mondlicht bräunt als in der Sonne, damit ihre Haut eine milchige Farbe annimmt. Diese Hauttönung macht die junge Frau in einem Land, wo gebräunte Haut etwas ganz Normales ist, zu einer »Schönheit unter den Schönheiten«. Die Strahlen des Vollmonds versprechen, sie weiß zu machen; weißer und, zumindest diesem Verständnis folgend (und vor dem Zeitalter politischer Korrektheit), sogar schöner als all die anderen Mädchen.

Die von Menschenhand gestaltete Pflanzenwelt erlaubt ein schönes Spiel mit den Möglichkeiten des Mondlichts. Manche Gärtner legen sogenannte Mondgärten mit Blumen an, die abends oder nachts blühen wie die stark duftende Mondwinde, die buschartige Wunderblume (die in Frankreich »belle de nuit«, Schöne der Nacht, genannt wird) oder die stark giftige Engelstrompete. Im Winter ist in einem solchen Garten die Korkenzieher-Haselnuss beliebt, von der, nachdem ihre Blätter abgefallen sind, nur ein wirres weißes Geäst zurückbleibt. Auch die Moguln Indiens und Pakistans ließen Gärten anlegen, deren Pflanzen nach ihrer Erkennbarkeit im Mondlicht und ihrem Duft ausgewählt wurden. Selbst wild wachsende Pflanzen in der freien Natur können im Mondlicht einen überaus eigentümlichen Eindruck hinterlassen. Guy de Maupassant war fasziniert von den Kaktuswäldern, die er im Nordosten Tunesiens vorfand: »Die krummen Stämme sehen aus wie Drachenleiber, wie Gliedmaßen von Ungeheuern mit stachligen, zum Angriff aufgerichteten Schuppen. Wenn man abends bei Mondschein auf solch einen Wald trifft, glaubt man sich in ein furchtbares Geisterreich versetzt.«

7

Imaginäre Mondreisen

Phantasie zu haben, ist leicht.
Wie schwer aber, ihre Bilder zu gestalten!

Georg Heym

Im Vergleich zu den Wissenschaftlern, die sich mit der Frage beschäftigten, ob Leben auf dem Mond möglich sei, nutzten Romanautoren ihre Freiheit, mit den bekannten Tatsachen und Leerstellen spielerischer umzugehen. Dennoch waren ihre Mondwelten alles andere als willkürlich erdacht; sie blieben immer verbunden mit den kulturellen und historischen Verhältnissen der Zeit. Manchmal verarbeiteten sie neue technologische Erkenntnisse und Möglichkeiten oder machten sich philosophische Gedanken zu eigen, wie eine perfekte oder weniger perfekte Welt aussehen könnte. Sie bewegten sich in einem Grenzgebiet zwischen Fiktion und Wirklichkeit. Ihr imaginärer Mond war Utopie oder Dystopie, zuweilen auch etwas schwer Definierbares dazwischen. Der Mond funktionierte, wie Scott L. Montgomery es bildhaft formuliert, wie ein »geschichtlicher Schwamm für Gefühle und Anschauungen, welche die europäische Gesellschaft damals durchdrangen«.

Wie stellten sich Philosophen und Schriftsteller die ersten Monderkundungen vor? Welchen Begriff machten sie sich von den Seleniten oder Lunariern, wie sie die Mondbewohner nannten? Und wie ähnlich waren diese den Erdbewohnern? Spekulationen über Leben auf dem Mond gehen der Erfindung des Teleskops lange voraus, sie reichen mindestens bis zu Philolaus im fünften Jahrhundert v. Chr. zurück. Dieser glaubte nämlich, dass es auf dem Mond Berge, Täler, Menschen, Tiere und Pflanzen gebe, die viel größer und schöner seien als die auf der Erde, ja er nahm sogar an, dass die Menschen dort fünfzehnmal größer seien. Und Plutarch war es dann, der vermutete, dass der Mond aus erdartiger Substanz aufgebaut und von Menschen besiedelt sei und dass die Seelen der verstorbenen Erdbewohner dorthin wanderten.

Lukian von Samosata beschreibt in den Satiren seiner *Wahren Geschichten,* wie ein Segelschiff von einem Wirbelwind erfasst und innerhalb von acht Tagen zu einer runden, hell erleuchteten »Insel« emporgetragen wird, die sich als der Mond entpuppt. Die Wärter des Mondes sind Wesen, die auf dreiköpfigen Geiern mit großen Federn fliegen. Die griechischen Reisenden werden vom König des Mondes empfangen, der sich gerade im Krieg mit der Sonne befindet. Alle Mondbewohner sind männlichen Geschlechts. Die Kinder werden in der Wade ausgetragen und nach der Geburt in den Wind gehalten, wodurch sie zum Leben erweckt werden. In einer ähnlichen Monderzählung Lukians lässt dieser seinen Held Icaromenippus, der einen Geier- und einen Adlerflügel an seinen Armen befestigt hat, vom Berg Olymp aus zum Mond fliegen, den er nach dreitägigem Flug erreicht. Von dort aus beobachtet er die Verbrechen auf der Erde und denkt über das Universum nach. Lukian hält Reisen zum Mond für möglich, weil er, Aristoteles' Maxime folgend, dass die Natur kein Vakuum zulasse, von einer durchgehenden Atmosphäre ausgeht. Ein Irrtum, den die Wissenschaft noch sehr lange mit sich herumtragen sollte.

Auch in der persischen Literatur, im Gedicht »Shāhnāmeh«, das von einem gewissen Firdausi geschrieben und 1010 veröffentlicht wurde, findet sich die Beschreibung eines wunderbaren Mondflugs. Einige Jahrhunderte später beschreibt Ludovico Ariosto in seinem epischen Gedicht *Der rasende Roland* (1516) die Mondreise des englischen Herzogs Astolfo, der den Trabanten in einem von vier Rossen gezogenen Gefährt erreicht. Der Herzog ist überrascht, einen Mond zu finden, der viel größer ist, als er ihn sich vorgestellt hatte, und dessen Topografie der der Erde recht ähnlich ist. Es ist ein Ort, der sich zum Nachdenken anbietet, eine fantastische Kulisse mit Städten und Schlössern, eine Zwischenstation für Vergangenes und Kommendes.

Der Astronom und Astrologe Johannes Kepler war sich schon im Klaren darüber, dass es auf weiten Strecken zwischen Erde und Mond keine Atmosphäre gibt und der Einsatz von Tieren für die Reise ausgeschlossen ist. Er musste deshalb in seinem Stück *Somnium* (Traum vom Mond, 1634) übernatürliche Kräfte ins Spiel bringen. Wer wollte ihm das zum Vorwurf machen? Ein Dämon, der das Sonnenlicht scheut, aber in der Nacht reisen kann, hilft ihm in seinem Traum, in vier Stunden von Volva, der Erde, zur Insel Levania, dem Mond, zu gelangen. Keplers Mond ist ein überaus unwirtlicher Ort mit starken Temperaturunterschieden, sodass die dort lebenden Tiere in Höhlen und Spalten Zuflucht suchen müssen, von wo aus sie nur für kurze Zeit während des Tages hervortreten.

Als älteste englischsprachige Mondreiseerzählung gilt die des Geistlichen Francis Godwin: *Der Mann im Mond* (1638). Godwins Protagonist, ein gewisser Domingo Gonsales, ist ein Spanier aus wohlhabender Familie, der auf der Insel Sankt Helena ausgesetzt wird und dort wilde Schwäne mit dem Namen »gansas« zähmt, die sich durch einen mit Schwimmhäuten versehenen Fuß und adlerartige Krallen auszeichnen. Später baut Gonsales eine Vorrichtung mit einem Sitz, der von den abgerichteten Vögeln getragen werden kann: »Endlich nach unterschiedlichen Proben kam mich die Lust und Begierde selbst an, dass ich mich wollte tragen lassen.« Wie der noch unwissende Reisende herausfinden soll, handelt es sich bei den *gansas* um Wandervögel, die »wie unser Kuckuck und die Nachtigall in ein anderes

Land ziehe«, um zu überwintern, allerdings mit dem kleinen Unterschied, dass sie hierfür den Mond wählen. Godwin wurde vermutlich von der Theorie des englischen Naturkundlers Charles Morton inspiriert, der, Astrologie und Vogelkunde miteinander verknüpfend, die Meinung vertrat, die Vögel würden auf dem Mond überwintern. Als die Vögel mit Domingo Gonsales aufsteigen, fühlt er schon, wie sich die Schwerkraft vermindert, und ist überrascht, seine Vögel dabei zu beobachten, wie sie »so gemächlich ruhen und sich setzen als wie die Fische im Wasser« und sich geschickt »in die Höhe oder hinunter oder auf die Seite« bewegen. Auf dem Weg zu einer sanften Landung auf dem Gipfel eines Mondberges beobachtet er, dass die Erde sich um ihre eigene Achse dreht – so, wie er es als junger Student in Salamanca gelernt hatte, der ersten Universität übrigens, an der die heliozentrische Kosmologie des polnischen Astronomen Nikolaus Kopernikus gelehrt wurde.

Bald war der Mond, so sagt Gonsales, »von einer solchen Größe, dass ich mich darüber recht entsetzte«. Francis Godwins »neue Welt« weist ein riesiges Meer und Bäume auf, die dreimal so hoch sind wie auf der Erde. Der Mond wird von sehr ungewöhnlichen Wesen bewohnt. Junge und Alte knien vor Gonsales nieder, heben die Arme in die Höhe, nehmen ihn schließlich fröhlich an die Hand und mit zu sich nach Hause. Es sind friedfertige und zufriedene Wesen, die weder Hass noch Neid kennen, Kämpfe und Mord sind ihnen gänzlich unbekannt. Sie schlafen, wenn die Sonne scheint, und bevölkern nur die der Erde zugewandte Seite.

Auf der Erde hatte Gonsales Italienisch, Französisch und Deutsch lernen müssen, die Mondbewohner jedoch sprachen die universale Sprache aus der Zeit vor dem Bau des legendären Turms von Babel. Es war eine weiche und melodische »Sprache«, die nur aus Musik bestand und deshalb jeder anderen gesprochenen Sprache überlegen war. Das spiegelte die zu dieser Zeit verbreitete Suche nach einer universellen Sprache wider, die manche Wissenschaftler in China gefunden zu haben meinten. Jesuiten-Missionare hatten von dort über den Gebrauch von Zeichen und Symbolen als einer Art Bildersprache berichtet, die trotz verschiedener gesprochener Dialekte im gesamten Land verstanden werde. Und tatsächlich ist, wenn wir Gonsales folgen, die Sprache der Chinesen mit jener der Mondbewohner vergleichbar: der *lingua humana,* Adams schöner Sprache. Bald stellte sich bei dem Reisenden Heimweh ein, und auch seine Vögel müssen wieder zurück. Gonsales legte ihnen das Zaumzeug an, machte sich auf den Weg, erlebte nach neun Tagen eine Bruchlandung in China und entging nur knapp einer Hinrichtung als Hexer.

Der französische Satiriker Cyrano de Bergerac sah in *Die Reise zum Mond* (1657) eine Rakete für den Mondflug vor – immerhin rund dreißig Jahre bevor dieses Prinzip von Newton theoretisch erklärt wurde. De Bergeracs Mond »ist eine Welt wie diese hier, der die unserige als Mond dient«. Das satirische Porträt der Verhältnisse auf dem Mond stellte die Grundfesten der Gesellschaft infrage: Alte Menschen gehorchten den jungen, Vögel sprachen, anstatt zu singen, Bäume philosophierten, und als Zahlungsmittel dienten nicht etwa Münzen, sondern selbst verfasste Gedichte. Die edlen, kentaurenartigen Mondbewohner wurden satt, indem sie die Dämpfe gekochter Mahlzeiten in sich aufnahmen. Sie verständigten sich mit einfachen Melodien, die sich zu harmonischen Konzerten addierten. Dieses immer wieder neu variierte Spiel mit den Möglichkeiten, die bei uns gültigen Prinzipien in überraschender Weise auf den Kopf zu stellen, wurde im Laufe der Zeit zu einem beliebten Schema.

Das gilt auch für David Russens *Reise zum Mond* (1703), in der dieser all die anderen bis dahin vorgeschlagenen Transportmittel verwarf und ein Federkatapult einführte, das die Reisenden auf den Mond und wieder zurück beförderte.

Die Schriftsteller unterfütterten ihre Ideen also immer wieder mit aktuellen wissenschaftlichen Erkenntnissen, von denen sie sich zu neuen Gedankenflügen inspirieren ließen. In *Dialoge über die Vielzahl der Welten* (1686) erklärte der französische Mathematiker Bernard le Bovier de Fontenelle das heliozentrische Modell des Universums auf populäre Weise, erging sich aber auch in Spekulationen über das Leben auf anderen Planeten des Sonnensystems. Er hielt die Luft auf dem Mond für zu dünn, um Leben zu ermöglich, stellte ihn aber trotzdem als eine Art utopisches *Alter Ego* der Erde dar. Für Fontenelle war der Satellit nur der erste in einer ganzen Reihe anderer Welten des neu entdeckten Universums. Außerdem machte das heliozentrische Modell, das im Vergleich zur mittelalterlichen Vorstellung voneinander getrennter kristalliner Sphären eine Zäsur darstellte, die Bewegung im Weltraum immerhin schon zu einer theoretischen Möglichkeit.

Bis sich die Möglichkeit einer tatsächlichen Mondreise abzeichnete, waren noch mindestens zwei Jahrhunderte zu überbrücken; die Fantasie der Autoren blieb also zunächst weiter herausgefordert. Ihre Erzählungen folgen unterschiedlichen Mustern: Mal liegt der Schwerpunkt auf der Reise selbst, mal auf der Charakterisierung lunarer Lebensformen.

In Murtagh McDermots *Eine Reise zum Mond* (1728) wird der Protagonist am Pico de Tenerife von einem Wirbelwind erfasst und erreicht bald darauf »einen Raum zwischen den Wirbeln von Erde und Mond, wo weder die Anziehungskraft des einen noch des anderen vorherrscht, sondern sich die entgegengesetzten Bewegungen ihrer Ausdünstungen aufhoben«. Der Reisende hält sich einfach an »einer Wolke voller Hagel« fest und bewegt sich »mit unglaublicher Schnelligkeit« in den Anziehungsbereich des Mondes, wo er glücklicherweise in einen Fischteich fällt. Nach vielen Erlebnissen bereitet er sich auf die Rückkehr zur Erde vor: »Ich werde mich in die Mitte von zehn ineinander geschichteten, hölzernen Gefäßen setzen, dessen äußerstes mit Eisenringen bereift ist, um ein Auseinanderbrechen zu verhindern. Das Ganze wird auf 7000 Schießpulverfässer gesetzt, mit deren Hilfe ich sicher bis zum oberen Teil der Mondatmosphäre aufsteigen kann.« Bevor er für das zur Explosion zu bringende Schießpulver ein Loch in die Mondoberfläche gräbt, füllt er den Raum zwischen den Gefäßen noch mit Wasser, um ein Feuer zu vermeiden. Einmal hoch oben in der Luft, trifft er auf Waldschnepfen, die ihn nach Hause geleiten.

Die Stimmen der Mondbewohner in dem unter dem Pseudonym Madame la Baronne de V*** verfassten Band *Der fliegende Panzer* (1783) sind engelsgleich, sie erinnern an Flötenklänge. Es sind reine, duftende Wesen, die sich vom Wasser eines Flusses ernähren. Ihre im Vergleich wohl zwangsläufig schlecht riechenden Erdengäste unterwerfen sie einer intensiven Reinigungsprozedur, bevor sie diese durch ein kompliziertes Höhlensystem führen, wo sie allegorischen Figuren für Liebe, Vertrauen, Sicherheit, Neid, Eifersucht, Versuchung und Betrug begegnen. Die Mondreise stellt für die Besucher einen Weg zur moralischen Läuterung dar.

In Wassili Lyowschins *Die letzte Reise* (1784) ist der Mond eine Welt völliger Gleichheit, in der es weder Soldaten noch Herrscher gibt, wo der Lauf der Dinge allein von der Tradition, nicht vom Fortschritt bestimmt wird und die Bewohner sich Aktivitäten wie Ackerbau und Schafhaltung widmen. Für Lyowschin sind die »Mondsüchtigen«, wie er die Menschen auf dem Mond bezeichnet, die einzig vernünftigen im Universum. Ähnlich porträtiert auch Michail Schukow in *Traum von Kidal* (1789) eine Mondwelt, in der jegliches Eigentum geteilt wird. Mond und Erde werden hier analog zum Gegensatz von Himmel und Hölle entworfen. Schlangen und Tiger leben mit den Menschen in völliger Harmonie. All diese utopischen Visionen spiegeln sicher auch die Unzufriedenheit der Autoren mit den Idealen ihrer Zeit wider.

Ab dem 18. Jahrhundert verschwanden all die romantischen Mondflüge mit ihren traumartigen Apparaten, die Autoren imaginärer Mondreisen verarbeiteten nun häufiger den technischen Fortschritt. Isaac Newton hatte in seinem Dritten Gesetz formuliert, dass es für jede Krafteinwirkung eine gleichwertige Gegenkraft gibt. Der Rückstoßantrieb, das grundlegende physikalische Prinzip der Raketenbeschleunigung, hängt mit Newtons Gesetz zusammen und erweitert es: Es beinhaltet, dass die Rakete mit der gleichen Kraft nach vorn beschleunigt wird, mit der das Antriebsmedium nach hinten abgestoßen wird. Tatsächlich sah Newton schon voraus, dass Menschen künftiger Jahrhunderte mit der Kraft des von ihm beschriebenen Prinzips zu den Sternen fliegen würden. Die frühe Science-Fiction, noch ziemlich weit von dem Wissen entfernt, das notwendig war, um Weltraumreisen zu einer Tatsache zu machen, griff die Erkenntnisse Newtons auf.

Eine Reise zum Mond (1827), war der erste amerikanische Roman, der eine Reise zwischen zwei Himmelskörpern zum Thema hatte. Hinter dem Autorenpseudonym Joseph Atterly verbarg sich der Rechtsanwalt St. George Tucker. Er erzählte von einem schiffbrüchigen amerikanischen Offizier, der vor der Küste von Borneo in Gefangenschaft geriet, dort von einem alten Mann vom Rückstoßprinzip erfuhr sowie von einer metallischen Substanz namens Lunarium, die, »sobald sie abgeschieden und veredelt wurde, eine ausgeprägte Tendenz hat, von der Erde fortzufliegen, so wie ein Stück Gold oder Blei sich ihr annähert«. Zugleich werde sie »in demselben Grade vom Mond angezogen«. Durch einen speziellen Mechanismus werde es möglich, »den luftleeren Raum zu durchdringen«.

Interessant ist der Roman auch im Hinblick auf den Gegensatz, den Tucker zwischen den Bewohnern beider Mondhemisphären entwickelt. Zwar gebe es auch Rivalität zwischen den Bewohnern derselben Mondhälfte, die sich in der Länge ihrer Schatten voneinander unterscheiden, aber gemeinsam seien ihnen Hass und Verachtung für die Bewohner der anderen Seite. Die »Hilliboos«, die auf der der Erde zugewandten Seite siedeln, sind mal lebhaft, mal träge, während die auf der anderen Seite, die »Moriboos«, als ernst, ruhig und fleißig charakterisiert werden.

In dem von Alexandre Cathelineau verfassten Roman *Reise zum Mond* (1865) wird das Luftproblem auf andere Weise gelöst: Einige Pflanzen im fünfzehn Meter hohen Testraumschiff »Terrinsule« sollen die beiden Reisenden mit Sauerstoff versorgen. Es ist die Vorstufe des Micromégas-Raumschiffs, das später mithilfe der besten Zimmermänner, Steinmetze und Gärtner gebaut wird, die dabei von befreiten Sklaven unterstützt werden. Der Mond, den die Reisenden vorfinden, ist nur auf seiner Rückseite besiedelt. Die Bewohner sind attraktive, liebenswerte und heitere Zeitgenossen, die eine klangvolle, musikalische Sprache sprechen. Es gibt weder Mordfälle noch Kriege oder Krankheiten; nicht einmal Rechtsanwälte werden gebraucht. Es ist, so Cathelineau, »ein dem von Adam und Eva vor dem Sündenfall sogar noch überlegenes Paradies«. Die lunaren Bewohner fertigen ihre Brücken und Häuser aus Holz und bewegen sich mit von elchartigen Tieren gezogenen Wagen oder auf dem Rücken von Vögeln fort, die an Adler erinnern. Obwohl sie viele gemeinsame Pflichten haben, lehnen sie Sozialismus rundweg ab. Ihre Religion erinnert an einen Naturkult; sie huldigen ihrem Gott mit zeremoniellen Feuern.

Für eine vergleichsweise altmodisch klingende Flugvariante entschied sich Edgar Allan Poe, als er den Helden seiner Kurzgeschichte *Das unvergleichliche Abenteuer eines Hans Pfaall* (1835) in offenbar bewusster Verkennung der physikalischen Gegebenheiten mit einem Heißluftballon auf die Reise zum Mond entsandte. Hans Pfaall, der einige seiner Gläubiger getötet hat, fliegt am ersten April zum Mond, um den restlichen Gläubigern zu entfliehen. Was die Bewohner des

Mondes betrifft, belässt er es bei Andeutungen: Ihr Körperbau sei eigentümlich, sie seien hässlich, hätten keine Ohren, und es fehle ihnen eine der unseren vergleichbare Sprache. Nach fünf Jahren schickt Pfaall einen der Mondbewohner mit seinem Ballon zur Erde, um die Botschaft zu überbringen, er werde zurückkehren, wenn die Rotterdamer Bürger ihm seine Verbrechen vergeben. Da der lunare Bote bei seiner Ankunft von der »wilden Erscheinung der Rotterdamer Bürger« erschreckt wird, wirft er die Nachricht einfach in die Menge und kehrt zum Mond zurück, ohne eine Antwort abzuwarten. Obwohl seiner Bitte stattgegeben wird, ist niemand in der Lage, Pfaall diese Entscheidung zu übermitteln.

Im August 1835 wurde in der *New York Sun* im Rahmen einer ganzen Reihe von Artikeln unter der Überschrift »Bedeutende Astronomische Entdeckungen« berichtet, dass John Herschel mithilfe seines leistungsfähigen Teleskops blaue Fledermausmenschen auf dem Mond entdeckt habe. Neben diesen zweifüßigen, mit Flügeln versehenen Kreaturen habe er angeblich auch »Schafe, kleine Zebras und ein auf den Grasflächen des Mondes weidendes Einhorn« beobachtet. Eine der gefundenen Spezies wurde als relativ klein beschrieben, mit kurzem, kupferfarben schimmerndem Haar und Flügeln aus einer dünnen Membran, die von den Schultern bis zu den Waden reichen. Die gelblichen Gesichter hätten Ähnlichkeit mit denen großer Orang-Utans, seien aber »offener und intelligenter im Ausdruck«, und ihr Mund sei sehr auffällig, ein Eindruck, der allerdings durch einen dicken Bart auf dem Unterkiefer gemildert werde. Was ihren Charakter angeht, seien sie »zweifelsohne unschuldige und fröhliche Kreaturen, auch wenn einige ihrer Späße sich nicht mit unserem irdischen Verständnis von Anstand vertragen würden«. Immerhin besaß Herschel zwei sehr große Teleskope und hatte zwei Jahre zuvor Südafrika mit dem Ziel bereist, dort den südlichen Sternenhimmel zu beobachten.

Dennoch stammten diese Beschreibungen nicht aus Herschels Feder, sondern aus der eines mit viel Fantasie begabten Reporters der Zeitung, deren Verkaufszahlen nun in die Höhe schossen. Auch viele andere Zeitungen druckten den Bericht. Der Mond-Hoax gilt seitdem als Paradebeispiel für die Praktiken der damals noch im Entstehen begriffenen Boulevardpresse. Zugleich belegte er, dass eine als Tatsache verkaufte Science-Fiction nicht sofort als Unsinn abgetan wurde, sondern das Interesse vieler Menschen auf sich ziehen konnte. Der Herausgeber der Zeitung verkündete stolz: »New Yorker lesen tagsüber die *Sun* und beobachten nachts den Mond.« Der Reporter Richard Adams Locke gestand bald ein, die Geschichte frei erfunden zu haben.

Da der Mond so viel kleiner ist als die Erde, zogen einige Autoren den Schluss, seine Bewohner müssten ebenfalls kleiner als die Menschen auf der Erde sein. Jacques Bujault nahm diese Idee in *Reise zum Mond* (1845) auf, allerdings war die zierliche Gestalt seiner lunaren *picolins* das einzige Merkmal, das sie von den Bürgern der Erde unterschied.

Anders bei Georges Le Faure und Henry de Graffigny in ihren *Außergewöhnlichen Abenteuern eines russischen Wissenschaftlers* (1889): Die Seleniten mit ihren großen Köpfen, langen Haaren und unverhältnismäßig dünnen Gliedmaßen widersprachen allen auf der Erde bekannten Kriterien für Schönheit. Allerdings dürften sie eher Mitleid hervorgerufen haben, als dass man sich über sie lustig machte. Die beiden Autoren stellten sich eine mit Bäumen und Wäldern bewachsene erdabgewandte Seite des Mondes vor und präsentieren sogar eine Landkarte, auf der nicht nur Krater, sondern auch Ozeane, Flüsse und Städte verzeichnet sind.

Eine vollends auf den Kopf gestellte Welt beschrieb Louis Desnoyer in *Robert Roberts Abenteuer* (1839). Es gab winzige Elefanten, die sich wie Ameisen verhielten, und Schafe, die Wolfsherden bewachten. Da Edelmetalle wie Gold und Silber als wertlos galten, waren Eisen und Kieselsteine umso wertvoller. Und da es aus den Wolken Wein regnete, war Wasser besonders begehrt. Orden, die mit der Geburt verliehen worden waren, verlor man in einer kuriosen Umkehrung der Logik auf der Erde, sobald man sich durch entsprechende Taten auszeichnete.

Der unter dem perfekt zu seinem Thema passenden Pseudonym Pierre de Sélènes schreibende Autor entwarf in seinem Roman *Eine unbekannte Welt: Zwei Jahre auf dem Mond* (1886) eine zeittypisch kommunistisch angehauchte utopische Gesellschaft. Anders als bei Jules Verne verlief der Flug erfolgreich. Unter der Oberfläche des Mondes entdeckten die drei Reisenden eine von zwölf Millionen Menschen bewohnte »übernatürliche«, wetterlose, von kosmischem und elektrischem Licht beleuchtete Welt, mit einem Ozean von der Größe des Mittelmeers und einer wunderschönen Stadt mit hübsch verzierten Häusern im Zentrum. Etliche Steine funktionierten wie Batterien und luden sich durch die elektrizitätsgeschwängerte Luft auf. Die Mondmenschen, die sich von Luft ernährten, nie töteten und eine musikalische Sprache »von extremer logischer Einfachheit« beherrschten, hatten sich in den Untergrund zurückgezogen, als Wasser und Luft an der Oberfläche zu verschwinden begannen. Es gab weder Löhne noch Privateigentum, jeder Bürger konnte so viel Platz für sich in Anspruch nehmen, wie er benötigte, und futuristische Züge transportierten die Menschen durch die sublunare Höhlenwelt. Aus heutiger Sicht erstaunlich ist, dass die Bewohner »die Fernübertragung von wahrnehmbaren und sprechenden Bildern« nutzten, die geradezu prophetisch die Idee des Fernsehens viele Jahrzehnte vor seiner Erfindung vorwegnahm. Wieder auf der Oberfläche angekommen, verfolgten die Besucher Vulkanexplosionen, die große, glühende Brocken Materie in die Luft schleuderten, die sich bei ihrer Rückkehr in die dünne und kalte Mondatmosphäre nur noch als fliegende Funken zeigten. Trotz dieser atemberaubenden Sehenswürdigkeiten entschieden sich die Besucher jedoch für die Rückkehr zur Erde – weil sie allmählich des allzu noblen Charakters der Bewohner überdrüssig wurden.

Solche Vorstellungen über das Leben auf dem Mond funktionierten wie eine Art Blaupause für Spekulationen über das Leben auf anderen Planeten. In dem Maße, wie sich die Anhaltspunkte mehrten, dass Leben auf dem Mond unwahrscheinlich, wenn nicht sogar unmöglich war, verschoben sich die Spekulationen auf andere Planeten – zum Beispiel in Richtung Mars, der bald zur Projektionsfläche für ähnliche Fantasien wurde. Aber Mondmenschen tauchen gelegentlich noch in der Science-Fiction des 20. Jahrhunderts auf, sowohl in Romanen als auch in Spielfilmen. Diese neue Generation von Mondbewohnern war dann aber nicht mehr ganz so niedlich und liebenswürdig wie ihre Vorfahren in der Literatur.

70
70
Altai montes
Mare
Nubium
Riphaeus
Sinus
Medii
30
20
10
0
10
20
Mare
Tranquillitatis
Sinus
Aestuum
Mare
Vaporum
Carpatus
Haemus
Apenninus
Mare
Serenitatis
Palus
Patredinis

Im Bann des Mondes

Wenn ich das Wunder eines Sonnenuntergangs
oder die Schönheit des Mondes bewundere,
weitet sich meine Seele in der Ehrfurcht vor dem Schöpfer.

Mahatma Gandhi

Die europäische Faszination des 18. und 19. Jahrhunderts für den Mond war Teil einer verbreiteten Passion für wilde und erhabene Landschaften. Schroffe Vulkane, die Eisgebiete von Arktis und Antarktis, unzulängliche Bergmassive und die trockene Weite der Wüsten zogen Wissenschaftler wie Laien an, von denen manche ihre Neugier mit dem Leben bezahlten. Die Erforschung dieser Gegenden legte den Menschen erhebliche physische Belastungen auf. Wie Alain de Botton es in seiner *Kunst des Reisens* formuliert hat, setzte die Hinwendung zu solchen Landschaften ein, »als die Akzeptanz tradierter Gottesbilder zu schwinden begann«: »Es ist, als ob solche Orte Reisenden zu transzendenten Erfahrungen verhalfen, die sie in den Städten und auf dem bäuerlich bewirtschafteten Land nicht mehr machen konnten«, so de Botton weiter. Der entscheidende Unterschied der Mondlandschaft zu den anderen Landschaften war, dass sie nur imaginär erkundet werden konnte. Sie blieb eine Landschaft der Vorstellung.

Jules Verne war von dieser Passion ergriffen. Obwohl selbst kein Wissenschaftler, hatte er sich mit populären Astronomieschriften beschäftigt, pflegte ein umfangreiches Archiv und hielt sich bezüglich wissenschaftlicher und technischer Entwicklungen auf dem Laufenden. Bis zum ersten Ballonflug im Jahre 1783 kannten die meisten Menschen kaum einen Unterschied zwischen einem Flug über der Erdoberfläche und der Reise zu anderen Himmelskörpern – beides war schlicht ausgeschlossen. Im Unterschied zu vielen früheren Erzählungen von Mondflügen schien Vernes *Von der Erde zum Mond* (1865) realistischer, auch weil er aktuelle wissenschaftliche Erkenntnisse berücksichtigte – vor allem die Ballistik, die den Flug von Geschossen auf eine theoretische Basis stellte und um diese Zeit große Fortschritte machte (Verne hatte sogar eine Vereinbarung mit seinem Verleger, immer die neuesten wissenschaftlichen Informationen in seinen Büchern zu berücksichtigen). Der Roman spiegelt auch Debatten über die Möglichkeit von Vulkanexplosionen auf dem Mond wider oder die Frage, ob es auf der erdabgewandten Mondseite Luft, Wasser, Wolken, Pflanzen oder sogar einen Wald geben könnte. Natürlich waren die Entwicklung maschinell betriebener Luftfahrzeuge und das Schauspiel einer wirklichen Reise zum Mond noch Zukunftsmusik, aber immerhin schien Letztere nicht mehr so unrealistisch wie noch wenige Jahrzehnte zuvor.

Wie andere Bücher Vernes nimmt auch *Von der Erde zum Mond* erstaunlich genau technische Entwicklungen des kommenden Jahrhunderts vorweg. Der Roman erzählt die Geschichte dreier Mitglieder des Baltimore Gun Club, die den Bau einer 275 Meter langen und 1,80 Meter breiten Aluminiumkanone planen, um sich unter Einsatz von Schießbaumwolle zum Mond befördern zu lassen. Verne führte damit die Idee eines bemannten ballistischen Projektils ein, das die Erdanziehungskraft überwinden würde.

Aus heutiger Sicht ließ Verne einige technische Aspekte unberücksichtigt, wie zum Beispiel die Reibung an der Rakete während des Flugs, andererseits hob er andere Aspekte der Bewegung im Weltraum zum ersten Mal hervor. Einige Details seiner Schilderung weisen sogar Ähnlichkeiten mit dem Apollo-Programm auf, so waren dort ebenfalls drei Astronauten beteiligt. Verne sah nicht nur korrekt voraus, dass die Vereinigten Staaten das erste bemannte Raumfahrzeug in den Weltraum schießen würden, das den Mond umkreist, sondern auch, dass Florida als Ort für den Start gewählt werden würde. Er wählte seinerzeit Tampa, nicht weit von der Küste des Golfs von Mexiko, aus, während die NASA sich für die etwa 200 Kilometer entfernte Merritt Island an der Atlantikküste entschied. Beide Orte befinden sich also in der Nähe des Meeres und erfüllen auch das Kriterium, dass sie sich auf einem Längengrad unter 28 Grad Nord befinden. Heutige Raumfahrtprojekte bevorzugen wegen der etwas größeren Erdumdrehungsgeschwindigkeit Orte in relativer Nähe des Äquators, weil das beim Start einen kleinen zusätzlichen Schub bewirkt. Vernes Wahl fiel auf diesen Ort, weil er die Koordination des Starts mit dem Perigäum - der größten Erdnähe des Mondes - erleichtern wollte. Ihm kann in jedem Fall die Vorwegnahme der Idee eines optimalen zeitlichen und räumlichen Rahmens für den Start einer Rakete zugesprochen werden. Seine Überlegungen ergaben außerdem, dass eine große Wasserfläche für die Landung am sichersten sei. Sowohl die Kapsel von Vernes imaginärer Mondreise als auch die der Apollo-Flüge wasserten im Pazifik. Und in beiden Fällen zog der Raketenstart eine große Zahl von Schaulustigen an.

Verne stellte sich ein Raumschiff vor, für das Stahl und Aluminium verwendet und das in leerem Zustand knapp neun Tonnen wiegen würde. Das vorwiegend aus Aluminium gebaute Raumschiff von Apollo 8, das den Mond umrundete, brachte dagegen schon ohne Ausrüstung zwölf Tonnen auf die Waage. Die Kanone, mit deren Hilfe Vernes Raumschiff abgeschossen werden sollte, trug den Namen Columbiad; das Steuerungsmodul von Apollo hieß Columbia - eine Reminiszenz an Christoph Kolumbus. Diese Parallele zeigt die psychologische Ähnlichkeit zwischen Vernes Reisenden und den amerikanischen Astronauten; beide verstanden sich als Repräsentanten der Erde. Die Reise von Vernes Raumschiff dauerte 242

Stundenring
Nord
Pol
Colur des
Nördl. Polar-Kreis
Col. des des Krebses
Colur
Sommer
Erd
Colur
Axe
Wendekreis
Hori
Erde
zont
Aequator
Steinbocks
Horizont
West
Nord
Süd
Ekliptik
Axe
des
Winter
Solstitii
Aequator
Herbst-
Wende
kreis
Südl.
Pol
Aequinoctiums

Stunden und 31 Minuten, während die Mannschaft von Apollo 8 insgesamt 147 Stunden im Weltraum verbrachte.

Angesichts des großen Wissensfortschritts in den 100 Jahren zwischen fiktionalem und tatsächlichem Flug sind einige von Vernes Vorhersagen also von frappierender Genauigkeit. Bei anderen Aspekten lag er jedoch falsch. Zum Beispiel ist es von entscheidender Bedeutung, die Wirkung der Schwerkraft auf die Menschen an Bord eines großen Geschosses zu berücksichtigen, das von einem Moment zum anderen so stark beschleunigt werden muss, dass es die Atmosphäre verlassen kann. Verne war sich zwar dieses Problems bewusst, aber die vorgesehenen hydraulischen Stoßdämpfer hätten nicht den gewünschten Effekt erzielt: Der enorme Druck hätte alles, die Besatzung eingeschlossen, wie eine Seifenblase zerplatzen lassen. Fälschlicherweise meinte er auch, Schwerelosigkeit würde sich nur in dem kurzen Moment zwischen Erde und Mond einstellen, in dem sich die Anziehungskraft beider Himmelskörper gegenseitig aufhebt. In dem Roman wurde die Rakete durch einen Meteor vom geplanten Kurs abgebracht, sodass sie nicht auf den Mond fiel, sondern auf einer elliptischen Bahn um den Mond kreiste. Allerdings war es für die imaginären Reisenden ein Glücksfall, den Mond zu verfehlen, denn es fehlten die technischen Voraussetzungen, um ihn wieder verlassen zu können. Und ganz nebenbei blieb es Verne damit auch erspart, die dortigen Verhältnisse genauer beschreiben zu müssen, von denen zu diesem Zeitpunkt niemand eine Ahnung hatte. Während sie den Mond umkreisten, meinten die Reisenden, Ruinen auf der Rückseite wahrzunehmen, sogar Kanäle, deutliche Hinweise auf Leben fanden sie jedoch nicht. Hätte Verne sie landen lassen, hätte er sich pro oder contra Leben auf dem Mond entscheiden müssen. Man mag in dem Testflug mit einer Katze und einem Eichhörnchen einen wunderlichen Vorläufer tatsächlicher Weltraumflüge mit Hunden und Schimpansen erkennen. Verne irrte jedoch, als er annahm, die Reisenden könnten sich des Körpers von »Satellit«, dem zufällig während des Fluges gestorbenen Hundes, einfach so entledigen, wie es Seeleute mit einem Toten auf dem Meer machen. Sie öffneten nämlich nur vorsichtig eine Luke und warfen den armen Hund aus ihrer luxuriös gepolsterten Rakete ins All. Dabei hätte die Zerstörung der Atmosphäre im Inneren den sofortigen Tod der Reisenden zur Folge gehabt.

Waren Vernes Vorhersagen nur seltsame Zufälle, oder kann man ihm die Fähigkeiten eines Genies zuschreiben, das den Kurs wissenschaftlicher Entwicklung zu erahnen vermochte? Vermutlich liegt die Wahrheit irgendwo dazwischen.

In der Rückschau ist man darüber erstaunt, dass Jules Vernes Roman von seinen Zeitgenossen nur mit Herablassung betrachtet wurde. Viele waren damals der Auffassung, es sei für erwachsene Leser nicht geeignet, zudem erkannte man ihm keine literarische Qualität zu. Außerdem erschwerten nicht besonders gelungene Übersetzungen noch bis zur Mitte des 20. Jahrhunderts die Aufnahme außerhalb Frankreichs. Erst das Apollo-Programm verhalf Verne zu neuer Popularität, nun erkannte man seinen Rang in der Geschichte der Science-Fiction. Mehr als jedes andere Buch dieser Kategorie übte sein fantastischer Roman eine erkennbare Wirkung auf die Wissenschaft – und zwar in einem Maße, das selbst ein so wacher und fantasiebegabter Mensch wie Verne kaum vorausgesehen haben dürfte.

Wie ist der Mond entstanden?

Wir müssen annehmen, dass die gesamte Himmelsmaterie, in welcher sich die Planeten befinden, sich immerzu nach Art eines Wirbels dreht, in dessen Mitte die Sonne liegt.

René Descartes

Ein Mythos der nordamerikanischen Seneca-Indianer erzählt davon, wie ein Wolf den Mond herbeisang. In der westlichen Welt wurden Mutmaßungen über die Geschichte der Erde bis zum frühen 18. Jahrhundert noch von der biblischen Schöpfungsgeschichte bestimmt. Diese regelt auch die Erschaffung des Mondes: »Und Gott machte zwei große Lichter: ein großes Licht, das den Tag regiere, und ein kleines Licht, das die Nacht regiere, dazu auch Sterne«, heißt es dort. So wie der Mond sein Licht von der Sonne erhielt und ihr deswegen untergeordnet war, so verhielt sich die weltliche Autorität, ob königlich oder wissenschaftlich, zur religiösen, also päpstlichen Autorität. Aber die europäische Aufklärung machte deutlich, dass Gottes Macht im Verschwinden begriffen war.

Im 17. Jahrhundert war eine gedankliche Revolution im Gange, in deren Zentrum die Vernunft und nicht mehr das Göttliche stand. Dieser Umbruch brachte ein neues Verständnis des Kosmos mit sich. Der französische Philosoph René Descartes sah nicht nur die Sonne als Mittelpunkt des Universums an, wie es Kopernikus und Galilei schon vor ihm getan hatten, sondern stellte sich auch ein Universum mit Materieteilchen unterschiedlicher Größen und Formen vor, deren Bewegungen von verschiedenen Kräften hervorgerufen wurden. Dieses Konzept stellte den Mond und seine Entstehung in einen veränderten Bezugsrahmen. Descartes erklärte, wie der »Wirbel« der Erde den Mond erfasste und ihn dazu brachte, sie zu umkreisen. Er schrieb seine Abhandlung um 1630, aber die Veröffentlichung erfolgte erst 1664, also nach seinem Tod, weil seine Theorien die alte Ordnung verwarfen. 1633 wurde Galileis heliozentrisches System in einem Gerichtsverfahren verurteilt, was zur Folge hatte, dass er bis zum Ende seines Lebens sein Haus nicht mehr verlassen durfte.

Gegen Ende des 18. Jahrhunderts stellte Pierre-Simon Laplace die Theorie auf, dass das Sonnensystem seinen Ursprung in einer riesigen Gas- und Staubwolke habe. Als diese unter ihrer Selbstanziehung kollabierte, flachte sie zu einer Scheibe aus, in deren Mitte sich die Sonne bildete, während sich außerhalb des Zentrums zunächst von den äußeren Regionen Gasringe absonderten: Das Material in den Ringen ballte sich in der Folge zu den Planeten zusammen. Dieses Modell wurde die Grundlage für die Theorie der *binary accretion*. Unter Akkretion ist das Anwachsen eines kosmischen Objekts durch Ansammeln bzw. Zusammenballen von Materie aufgrund seiner Gravitation bzw. von Gezeitenkräften zu verstehen.

George H. Darwin, Charles Darwins zweiter Sohn und zu seiner Zeit einer der bedeutendsten Geologen der Welt, rechnete einmal aus, dass das Zentrum des Mondes zu einem bestimmten Zeitpunkt nur knapp zehntausend Kilometer von der Erdoberfläche entfernt gewesen sei. Daraus zog er den Schluss, »dass wenn Mond und Erde jemals geschmolzene viskose Massen gewesen sind, sie einst Teile einer gemeinsamen Masse waren«. Im Jahre 1878 formulierte er dann die Theorie, die Erde hätte sich in ihrer Frühzeit so schnell gedreht, dass sie durch den Einfluss der Gravitation der Sonne dermaßen in die Länge gezogen wurde, dass schließlich ein Teil herausgebrochen sei. Und aus diesem Teil sei George H. Darwin zufolge dann der Mond geworden. Interessanterweise hatte sein Urgroßvater Erasmus H. Darwin einmal ein langes Gedicht mit der Überschrift *Der botanische Garten* (1792) geschrieben, in dem es unter anderem genau darum ging, dass Materie von der Erde ausgeworfen wurde, die dann zum Mond wurde. Erasmus Darwin war bei Weitem nicht der Einzige, der einen wissenschaftlichen Gedanken in Form von Dichtung formulierte, doch seine Theorie fand unter Wissenschaftlern keine größere Verbreitung – obwohl er der Gründer und langjährige Organisator der berühmten Lunar Society, der Mond-Gesellschaft, war, die namhafte Gelehrte und naturwissenschaftlich interessierte Menschen zu ihren Mitgliedern zählte.

Der englische Geologe Osmond Fisher erweiterte die Abspaltungstheorie von George Darwin um eine weitere, geradezu sensationelle Vorstellung, nämlich, dass das Pazifikbecken gewissermaßen die Narbe der Stelle sei, an der unser Satellit herausgerissen wurde. Fisher war auch der Auffassung, dass der amerikanische Kontinent während desselben Prozesses von Europa und Afrika getrennt wurde. George Darwin hielt nichts von dieser Theorie, dennoch verselbstständigte sich die Idee und galt fortan als beliebte Erklärung. Der amerikanische Astronom William Henry Pickering sah die Bildung des Mondes in einem ähnlichen Zusammenhang: Er nahm nämlich an, dass sich ein früherer großer Kontinent durch das Herausbrechen der künftigen Mondmaterie in Amerika, Asien, Afrika und Europa aufgespalten habe. Obwohl sich diese Theorie später als falsch herausstellte, vermittelte sie schon eine Ahnung von den späten Forschungen Alfred Wegeners zur Kontinentalverschiebung im beginnenden 20. Jahrhundert. Die Abspaltungstheorie wurde noch insofern abgewandelt, als man davon ausging, dass die Trennung von Materie zu einem Zeitpunkt erfolgt war, als die Erde sich in flüssigem Zustand befand. Die Materie wurde dieser Idee zufolge ausgeworfen und bildete zunächst einen Ring, der um die Erde kreiste und sich dann zu dem uns bekannten Mond verdichtete.

So überzeugend sich das damals angehört haben mag, wurde die Darwin'sche Abspaltungstheorie doch von einer konkurrierenden abgelöst. Diese postulierte, der Mond sei in einer ganz anderen Sphäre entstanden, möglicherweise sogar außerhalb unseres Sonnensystems, dann von der Erdanziehungskraft gewissermaßen »eingefangen« worden und bewege sich seitdem in seiner Umlaufbahn. Diese Hypothese wird mit dem amerikanischen Chemiker Harold C. Urey in Verbindung gebracht, der 1932 den Nobelpreis erhielt (allerdings nicht für seine Mondforschungen, sondern für die Entdeckung des Deuteriums, des schweren Wasserstoffisotops) und später am Bau von Atombomben beteiligt war, bevor er sich nach dem Zweiten Weltkrieg der Kosmochemie zuwandte. Urey betrachtete den Mond als kaltes Überbleibsel aus der frühen Phase des Sonnensystems und stützte seine Argumentation sowohl auf die unterschiedlichen Dichten von Sonne und Mond als auch auf die angenommene Ähnlichkeit bezüglich des Vorkommens von Eisen in beiden Himmelskörpern. Er zog den Schluss, der Mond sei nie Teil der Erde gewesen, sondern habe sich unabhängig und auch früher herausgebildet.

Ureys Idee bot eine perfekte Begründung für das Apollo-Programm: Wenn man davon ausgeht, dass der Mond älter ist als die Erde, könnte die Untersuchung der Mondoberfläche Ergebnisse bringen, die auf der geologisch aktiven Erde nie zu erhalten sind. Er unterstellte auch, dass der Mond seit dem »Einfangen« erkaltet ist und die *maria* nicht durch Lavaströme verursacht wurden, sondern durch Wasser, das möglicherweise beim Einfangen von der Erde dorthin gelangt war. »Wenn die Oberfläche des Mondes tatsächlich einen Rest der uralten Erdozeane aus der Zeit enthält, als sich dort Leben entwickelte«, so Urey 1966, »dann sollte das Apollo-Programm faszinierende Proben mitbringen können, die uns vieles über die frühe Geschichte des Sonnensystems und besonders auch über den Ursprung des Lebens lehren können.« Und im Sommer 1969 gab er kund: »Ich wünschte, ich könnte mit den Astronauten in diesem Monat auf Gesteinsjagd gehen, selbst wenn ich wüsste, dass ich nie zurückkehren kann« – eine Äußerung, die erkennen lässt, welche Dringlichkeit diese Fragen für ihn angenommen hatten.

Die drei Hypothesen können als Verwandtschaftsbeziehungen veranschaulicht werden: der Mond als Schwester der Erde, die aus erdähnlichem Material in der Nähe entstanden ist (Akkretionstheorie); der Mond als Tochter der Erde, die direkt aus unserem Planeten hervorgegangen ist (Abspaltungstheorie); oder der Mond als Gefährte der Erde, der woanders entstand und dann in die Erdumlaufbahn geholt wurde (Einfangtheorie).

Selbst wenn jede dieser drei Theorien für sich ein Körnchen Wahrheit enthielt, stimmten Mondwissenschaftler am Ende der 1970er-Jahre darin überein, dass keine die Entstehung des Mondes wirklich überzeugend erklären konnte.

Die Abspaltungstheorie verwarf man ganz, weil die Erde sich nie schnell genug gedreht hatte, um quasi aus sich selbst heraus und ohne äußeren Einfluss einen Teil hätte abspalten können. Das Paradox war, dass Mond und Erde in ihrer chemischen Zusammensetzung gewisse Ähnlichkeiten zeigten. Insbesondere die Isotopenverhältnisse des Elements Sauerstoff sind auf beiden Himmelskörpern fast identisch. Welche Lösung gab es?

Vereinzelt hatte es schon viel früher Stimmen gegeben, die Überlegungen in andere Richtungen wiesen, aber nur wenige schenkten ihnen Aufmerksamkeit. Bereits 1911 hatte der amerikanische Geologe Howard B. Baker die Vermutung geäußert, die Erde habe einst ein *close encounter*, eine nahe Begegnung, mit einem inzwischen verschwundenen Planeten gehabt und das, was jetzt der Mond ist, sei aus dem Pazifischen Becken gerissen worden und habe als Begleiteffekt eine Kontinentalverschiebung nach sich gezogen.

Vor dem Apollo-Programm hielt man den Mond schlicht für einen Felsen – ein Relikt aus der Frühzeit des Sonnensystems, ohne einen besonders ausgebildeten Kern. Die amerikanischen Astronomen William K. Hartmann und Donald R. Davis stellten in den frühen 1970er-Jahren die Hypothese auf, der Einschlag von einem oder mehreren Objekten mit einem Durchmesser von etwa 1000 Kilometern habe genug Materie des Erdmantels in die Umlaufbahn schleudern können, um den Mond zu bilden. Die beiden Wissenschaftler glaubten, dass der mit der Erde kollidierende Körper einen geschmolzenen Eisenkern besaß, der in die Erdmitte einsank und sich dort mit deren Kern verband. Das könnte umgekehrt den niedrigen Gehalt des Mondes an metallischem Eisen erklären. Das Problem dieser Theorie ist, dass ein Objekt mit diesem Durchmesser vergleichsweise klein war – mit weniger als einem Prozent der Erdmasse und weniger als 30 Prozent des Monddurchmessers. Die Astrophysiker Alastair G. W. Cameron und William Ward erkannten, dass nur ein viel größeres Objekt – eines mit einem Zehntel der Masse der Erde, im Grunde ein richtiger Planet etwa mit den Dimensionen des Mars – die Erde mit dem hohen, für den 24-Stunden-Tag verantwortlichen Drehimpuls versehen haben kann. Eine Konferenz auf Hawaii im Jahre 1984, zu der etwa hundert Astronomen zusammenkamen, ergab einen Konsens für das, was fortan als *giant impact hypothesis* bezeichnet wurde, die Theorie vom großen Einschlag.

Cameron war der Erste, der in den 1980er- und 1990er-Jahren an der Harvard University die Kollision simulierte, die für die Bildung des Mondes verantwortlich gemacht wurde. Seitdem konnte Robin Canup vom Southwest Research Institute in Colorado diese Theorie mithilfe von Computersimulationen noch detaillierter fassen. Ihr Computermodell berücksichtigte 20 000 Komponenten und analysierte das Verhalten jedes einzelnen Objekts bei dem Aufprall. Als wahrscheinlichstes

Szenario ergab sich, dass der Mond vor viereinhalb Milliarden Jahren nach einem Zusammenstoß bei hoher Geschwindigkeit zwischen der vollständig ausgebildeten, aber etwas kleineren Erde und einem Protoplaneten der ungefähren Größe des Mars entstand. Canup nannte die frühe Erde »Gaia« und den anderen Himmelskörper »Theia«. Der Zusammenprall war der gewaltigste Stoß, den die Erde je erfuhr. Er radierte alle Oberflächenmerkmale aus und schmolz das Gestein vermutlich bis zu einer Tiefe von rund 1000 Kilometern – »der Nullmoment« unseres Planeten und das Ende für den anderen. Theia wurde pulverisiert, wobei man sich seine Materie wie einen Sprühregen von kreisendem Schutt vorstellen kann. Innerhalb von Stunden verband sich dieser Schutt zu einem neuen Körper, der ein zweites Mal die Erdoberfläche traf und zerstört wurde. Der größte Teil der dabei freigesetzten Materie wurde aufgefangen und damit Teil unseres Planeten, während etwa ein Zehntel – hauptsächlich von den äußeren Teilen Theias – eine riesige, glühende Schuttwolke bildete, die in den Weltraum geworfen und innerhalb weniger Jahrzehnte zu dem wurde, was jetzt der Mond ist. Zu diesem lange zurückliegenden Zeitpunkt war der Mond der Erde fünfzehnmal näher als heute. Diese Theorie erklärt auch die vergleichsweise niedrige Dichte des Mondes und deutet auf eine Energiequelle hin, welche die oberen Schichten des Mondes schmelzen und ein Magmameer bilden konnte, das sich im Laufe der Zeit verfestigte und schließlich zu der harten Kruste wurde, wie wir sie heute kennen. Nachdem sich der Mond gebildet hatte, vor etwa 3,9 Milliarden Jahren, begann eine »lunare Katastrophe« – eine Häufung von Aufprallen großer Asteroiden. Die Einschlagbecken füllten sich, als Basaltlava aus dem noch heißen Mondinnern an die Oberfläche getrieben wurde.

Canups Modell bereichert die aktuelle Theorie der Planetenentstehung, in der die Kollisionen im frühen Sonnensystem eine zentrale Rolle spielen. Historisch betrachtet berücksichtigt es Merkmale der sich gegenseitig ausschließenden klassischen Mondentstehungstheorien. Akkretion spielt eine Rolle, aber für die angehäuften Teile wird angenommen, dass sie das Ergebnis einer Kollision sind. Wie in der Theorie der zwei Planeten spielt auch in diesem Szenario ein zweiter Planet eine Rolle. Und wie in der Abspaltungstheorie entstand der Mond quasi aus der Erde, allerdings erst nach einem Zusammenprall mit einem zweiten Planeten. So wie man sich die Abfolge der Ereignisse jetzt vorstellte, war sie also um einiges komplizierter, als es die drei früheren Theorien nahegelegt hatten. Die Theorie vom großen Einschlag gab eine Erklärung dafür, warum ein Teil des Mondgesteins ähnlich zusammengesetzt ist wie das auf der Erde und ein anderer Teil nicht, unklar bleibt aber weiterhin, warum manche Gesteine magnetische Eigenschaften besitzen. Vielleicht, so eine Spekulation, hatte der Mond einst ein inneres Magnetfeld (wie heute die

Erde), möglicherweise haben Einschläge kurzlebige Felder entstehen lassen, die das Mondgestein magnetisch aufluden. Diskussionen über Zusammensetzung und Aufbau des Mondes konzentrieren sich auf die Beschaffenheit eines vermuteten Kerns, der aus Eisen und Schwefel bestehen könnte. Verschiedenen geophysikalischen Messungen zufolge hat der Kern einen Durchmesser von weniger als 400 Kilometern und damit knapp ein Zehntel des Durchmessers des gesamten Mondes. Im Falle der Erde macht der Kern etwas mehr als die Hälfte aus. Während es auf der Erde möglich ist, den Eisenkern mithilfe von seismologischen Messungen an verschiedenen Orten nachzuweisen, ergaben solche Apparate auf dem Mond zunächst keinen eindeutigen Befund.

Larry Taylor, Direktor des Planetary Geosciences Institute der University of Tennessee in Knoxville, untersuchte den Basalt der *maria*, bei denen man davon ausgeht, dass sie beim Schmelzen im Mondmantel geschaffen wurden und deswegen Prägungen oder Zeichen dieser Schicht aufweisen. Die Analyse zeigte, dass der Mondmantel einen noch geringeren Gehalt als der Erdmantel an Elementen hat, die sich leicht mit Eisen verbinden – sogenannte siderophile Elemente wie Platin, Iridium und Osmium. »Ein terrestrischer Planet durchläuft in der Frühphase seiner Entstehung einen Schmelzzustand«, so Taylor. »In diesem Zustand scheidet sich das metallische Eisen als Kern ab.« Wenn sich in der Erde und anderen Planeten Kerne bildeten, wurden diese Elemente mit einer Affinität zu Eisen zum größten Teil vom Mantel in den metallischen Kern gezogen, was das seltene Vorkommen dieser Elemente im Erd- und Mondmantel erklären und zugleich für einen Metallkern sprechen würde. Der niedrige Gehalt siderophiler Elemente im Mondbasalt wurde als zusätzlicher Beweis für einen Metallkern ausgelegt.

Ein von Ian Garrick-Bethell geleitetes Team am MIT hat die magnetische Geschichte der ältesten Gesteinsproben untersucht und herausgefunden, dass der Mond in seiner Frühzeit vermutlich einen flüssigen Metallkern hatte, der wie ein Dynamo rotierte und ein magnetisches Feld erzeugt haben könnte. Dass das Gestein seine magnetischen Eigenschaften dem Aufprall verdankt, konnten die Forscher dabei ausschließen. »Dieses Gestein wurde in seiner Geschichte nur zweimal aufgeheizt«, erklärt Garrick-Bethell. »Wenn sich das Gestein abkühlt, schließt es die Magnetfelder um sich herum ein.« Ungeklärt ist bisher noch, warum solch ein vermutetes Magnetfeld verschwunden ist. Einen Durchbruch meldete vor knapp einem Jahrzehnt die NASA-Forscherin Renée Weber: Ihre Neuauswertung der seismischen Messungen der Apollo-Ära konnte den lange vermuteten lunaren Metallkern belegen. Wie der Erdkern besteht er aus einem festen inneren und einem flüssigen äußeren Teil.

Neuere Ergebnisse zeigen eine größere als bisher angenommene Ähnlichkeit von Erd- und Mondgestein und legen damit nahe, dass der Mond aus der Erde hervorgegangen ist. Rob de Meijer von der University of Western Cape (Südafrika) und Wim von Westrenen von der Freien Universität Amsterdam gehen davon aus, eine Nuklearexplosion im Inneren der Erde habe Masse aus der Erde herausgelöst, die dann zum Mond wurde. Dafür hätte es aber eine Kettenreaktion geben müssen, deren Mechanismus bisher nicht erklärt werden kann.

Möglicherweise ist noch nicht das letzte Wort zur Mondentstehung gesprochen. Im Jahre 2017 veröffentlichten israelische Forscher um Raluca Rufu vom Weizmann-Institut in Rehovot Modellrechnungen, nach denen der Mond durch Asteroideneinschläge auf der jungen Erde – möglicherweise nur 20 – entstanden sein könnte. Das klingt zunächst vielleicht nicht besonders überzeugend, weil sich die chemische Zusammensetzung von Erde und Mond sehr stark ähnelt. Simulationen der Einschläge, die die genannten Wissenschaftler durchgeführt haben, haben nun allerdings ergeben, dass die entstehende Trümmerwolke (und der Mond, zu dem sie sich verdichtet) vorwiegend aus Erdmaterial besteht, was die Theorie plausibler erscheinen lässt.

Nach allem, was zur Zusammensetzung des Mondes gesagt wurde: Sogenannte Mondsteine – Edelsteine, die zum Beispiel in Sri Lanka und Indien zu finden sind und von denen man früher vermutete, dass sie eine Wechselwirkung mit dem Mond besitzen – kommen nicht von dort. Mondsteine bestehen aus Feldspat, und dieses Gestein gibt es auf dem Mond nicht. Ein spezieller seltener Meteoritentyp stammt hingegen vom Mond. Chemische Zusammensetzung, Mineralien und auch die Isotopenverhältnisse weisen diese Himmelssteine als Fragmente des Erdbegleiters aus, denn sie ähneln frappierend den Apollo-Proben.

Oberflächen, die Rätsel aufgeben

Die Geschichte der Astronomie ist die Geschichte von den sich weitenden Horizonten.

Edwin Hubble

Wann ist der Mond entstanden? Wissenschaftler nahmen zunächst Messungen radioaktiver Elemente in Mondgesteinsproben vor, um ihr Alter zu bestimmen. Je nach dem Ort, an dem sie entnommen wurden, offenbarten die Proben erhebliche Altersunterschiede, doch kein Material war jünger als 3,6 Milliarden Jahre. Zu diesem Zeitpunkt hörte das heftige kosmische Bombardement mit Meteoriten auf, das Erde und Mond vermutlich mehrere Hundert Millionen Jahre lang getroffen hatte. Seitdem hat sich der Mond, abgesehen von einem kontinuierlichen Regen viel kleinerer Meteoriten, deutlich weniger verändert.

Wie fühlt es sich an – von der verminderten Schwerkraft abgesehen –, auf der Mondoberfläche zu stehen? Das Fehlen einer Atmosphäre in der Form, wie wir sie von der Erde kennen, bewirkt, dass der Himmel selbst während des längeren Mondtages dunkel bleibt. Hell und Dunkel werden, verglichen mit der Erfahrung auf der Erde, auf den Kopf gestellt: Der bräunlich-graue Mond*boden* kontrastiert mit der Schwärze des Weltalls. Der grelle, von der Mondoberfläche reflektierte Schein verengt die Pupillen, die Sicht wird erschwert. Während Vibrationen fühlbar bleiben, herrscht völlige Stille. Das Fehlen atmosphärischer Trübungen macht es auf dem Mond auch sehr viel schwerer, Entfernungen einzuschätzen: Unabhängig davon, wie weit etwas entfernt ist, erscheint jeder betrachtete Teil der Mondlandschaft gleich scharf. Um ein Gefühl dafür zu bekommen, wie weit ein Punkt von einem anderen entfernt ist, müssen wir uns bewegen, einen Perspektivwechsel im Sinne einer Parallaxe vollziehen. Wie wir die Oberfläche wahrnehmen, hängt von dem Winkel ab, den wir zu ihr einnehmen: Sie wirkt hellbraun, wenn wir zur Sonne hin, grau dagegen, wenn wir in die entgegengesetzte Richtung schauen. Aus nächster Nähe erscheint sie schwarz. Die Tatsache, dass der Mond viel kleiner als die Erde ist, hat zur Folge, dass wir nur halb so weit in die Entfernung sehen können, weil die Krümmung der Oberfläche viel stärker ist als auf der Erde. Der Mond hat keine Jahreszeiten und Klimazonen wie Erde und Mars, nicht einmal Wind gibt es dort. Lange bevor die nur langsam wandernde Sonne in den Tälern aufgeht, beleuchtet sie die Gipfel der Bergketten. Die Temperatur ändert sich nicht nur zwischen Tag und Nacht, sondern auch sehr abrupt, je nachdem, ob man sich im Sonnenlicht oder im Schatten bewegt. Am Mondnordpol scheint an besonders hoch gelegenen Stellen ewiger Tag zu herrschen, die Sonne fällt dort offenbar nie unter den Horizont. Einer der dramatischsten Aspekte eines Aufenthalts auf dem Mond ist es, zu beobachten, wie die sich nur unmerklich bewegende Erde den Himmel beherrscht. Auf dem beleuchteten Teil der Erde könnten wir große Wolkenformationen erkennen und den Planeten Phasen durchlaufen sehen, wie wir sie umgekehrt von der Erde für den Mond beobachten.

Doch neben physikalischen Fragen ergeben sich auch philosophische Fragen zur Bedeutung des Mondes. Ist er eine »Welt«, wenn auch kalt und ohne Leben? In der Zeit, die der Erfindung des Teleskops vorausging, waren Philosophen häufig geneigt, den Mond als analog zur Erde zu betrachten. Die Pythagoreer bezeichneten ihn sogar als zweite Erde. Der englische Wissenschaftshistoriker Frank Sherwood Taylor formulierte den paradox erscheinenden Charakter unseres Satelliten in *The World of Science* (1937) einmal wie folgt: »Der Mond bietet einen Anblick der Melancholie und auch der Schönheit. Er ist eine Sphäre des Todes – ein Bild vom Zustand des Planeten, den Luft und Wasser verlassen haben. Er dreht sich, das Skelett einer Welt.«

Es ist naheliegend, dass Mondbeobachter sich gerne auf Merkmale konzentrierten, die denen auf der Erde zu ähneln schienen, und dabei andere übersahen, die sich weniger für einen Vergleich anboten. Kreisförmige, kraterartige Konturen etwa sind für den Meeresboden des Japanischen Meeres typisch, aber auch für den Golf von Mexiko. Die Inselbögen bzw. -ketten im nördlichen Pazifik eignen sich für einen Vergleich mit den Bergwällen der *maria*. Und ebenso ähneln von Bergen kreisförmig umgebene Festlandebenen, wie man sie zum Beispiel im griechischen Thessalien finden kann, manchen Ebenen auf dem Mond. Dennoch sind derartige kleinere und größere kreisförmige Merkmale auf dem Mond viel häufiger als auf der Erde. Tatsächlich ähneln sich Mond- und Erdoberfläche kaum. Die Alpen, der Kaukasus und die Apenninen des Mondes scheinen sich auf den ersten Blick für einen Vergleich mit den Bergketten auf der Erde anzubieten, stehen aber wahrscheinlich in Zusammenhang mit den Bruchlinien, die ihre Ursachen in den Einschlägen haben, durch die sich die *maria* bildeten. Der unregelmäßig geformte Oceanus Procellarum, der »Ozean der Stürme«, mit seiner Ausdehnung von mehr als 400 000 Quadratkilometern, wird gerne als »Pazifik des Mondes« bezeichnet – ein fragwürdiger Vergleich, denn unser Pazifischer Ozean ist beinahe dreißigmal so groß.

Ähnliche Analogien wurden auch in umgekehrter Richtung gezogen. Das Valle de la Luna, das Tal des Mondes in den chilenischen Anden in der Region Antofagasta, die Vulkanlandschaft im Zentrum Lanzarotes oder die vegetationsarme Gegend um den Mont Ventoux in der Provence, als Herausforderung für die Radfahrer der Tour de France bekannt, gelten als mondartig. Die Mountains of the Moon, eine Bergkette an der Grenze zwischen Kongo und Uganda, verdanken ihren Namen wohl den schneebedeckten Gipfeln, die ein wenig an die helle Mondoberfläche erinnern. Das unebene Gelände des isländischen Vulkanfelds von Askja mit seinen ungewöhnlich geformten Felsformationen und von Lava bedeckten Flächen wurde von der NASA einmal als die dem Mond ähnlichste Landschaft auf der Erde beschrieben – so ähnlich, dass man 1967 sogar Neil Armstrong und seine Kollegen zum Training dorthin entsandte. Der Albtraum einer »postapokalyptischen Mondlandschaft« wird als Bild dafür verwendet, um zu zeigen, wie Teile der Erde nach einer Katastrophe aussehen könnten.

Wie unterscheidet sich also die Mondoberfläche von der der Erde? Der wichtigste Faktor ist die ausgeprägte Veränderlichkeit der Erdoberfläche: Erdbebenaktivität, Wetter, Erosion sowie Landwirtschaft und Bergbau haben ihre Spuren hinterlassen. Krater von Meteoriteneinschlägen, vor langer Zeit entstanden, sind nur in wenigen Fällen noch als solche zu erkennen. Mehr als Dreiviertel der Erdoberfläche ist weniger als 200 Millionen Jahre alt, und beinahe gar nichts ist noch so wie zum Zeitpunkt ihrer Entstehung. Im Gegensatz dazu sind, Schätzungen zufolge, 99 Prozent der Mondoberfläche mehr als drei Milliarden Jahre alt.

Der Charakter der Mondoberfläche gab lange Zeit den Wissenschaftlern Rätsel auf: Wie kommt es zu der charakteristischen Reflexion? Aus welchem Material besteht die Kruste? Im Jahre 1955 behauptete der amerikanische Geophysiker und NASA-Berater Thomas Gold, Astronauten (und vor ihnen Raumschiffe) würden in eine meterdicke Staubschicht einsinken. Gold vertrat zunächst die Auffassung, das Fehlen von Wind habe im Verlauf mehrerer Milliarden Jahre eine Ansammlung von Staub bewirkt, sodass es für Menschen beinahe unmöglich sei, die Oberfläche genauer zu untersuchen. Er korrigierte seine Einschätzung jedoch bald und ging fortan von einer nur wenige Zentimeter dicken Staubschicht aus, was von späteren Messungen bestätigt wurde. *Gold's dust,* der Gold'sche Staub, wurde für etliche Jahre zum geflügelten Wort unter den Mondforschern.

Hierzu sei bemerkt, dass Anhänger des heute besonders in den USA verbreiteten Kreationismus, die eine wörtliche Interpretation der biblischen Schöpfungsgeschichte vertreten, in der Dicke der Schicht angesammelten Mondstaubs eine Bestätigung dafür erkennen wollen, dass der Mond erst vor etwa zehntausend Jahren entstanden ist. Wenn er wirklich so alt wäre, wie Astronomen üblicherweise annehmen, müsste ihrer Ansicht nach die kontinuierliche Bombardierung mit Mikrometeoriten eine deutlich dickere Schicht hinterlassen haben. Dabei berufen sie sich auf inzwischen als überholt geltende Thesen aus den 1950er-Jahren, die für einen mehrere Milliarden Jahre alten Mond eine Staubschicht von dreißig Metern erwarteten.

Mit der Zeit erkannte man, dass die Mondoberfläche aus mehr besteht als nur »Staub«. Jan van Diggelen ging 1960 von »einer unregelmäßigen, schwammartigen Beschaffenheit« der Oberflächenstruktur aus, für die er filigrane Rentierflechte als Vergleich heranzog. Arthur C. Clarke äußerte einmal die Erwartung, dass sie »hartem Schwarzbrot« gleiche. Die Surveyor-Raumsonden, die 1966 auf dem Mond landeten, bestätigten dann aber ein körniges Gemengsel aus Bestandteilen, die zwischen einem und zweieinhalb Millimeter groß sind, und größeren, lose damit verbundenen Gesteinsbrocken. Das poröse Material, das die Mondoberfläche bedeckt und durch den Einschlag von Meteoriten entstand, wurde fortan Regolith genannt, während man die kleineren Teilchen als *lunar soil*, als Mondboden, bezeichnete, obwohl dieser keine organischen Bestandteile wie die Erde auf unserem Planeten aufweist, sondern aus zerkleinerten Steinen, Glaskugeln und sogar Körnchen metallischen Eisens besteht – ein weiterer Unterschied zu unserem Planeten, wo dieses Metall schnell verwittern würde.

Insgesamt wurden während der Apollo-Missionen knapp 400 Kilogramm Gestein gesammelt, das Forscher vieler Länder bis heute untersuchen. Ergebnis ist unter anderem, dass Erde und Mond eine ähnliche Zusammensetzung an Sauerstoffisotopen aufweisen – ein weiterer Unterschied zu der Beschaffenheit des Mars und der Asteroiden. Zudem gibt es auf dem Mond einige der auch von der Erde her bekannten flüchtigen Elemente. Der größte Teil des Mondgesteins wird unter Bedingungen niedriger Luftfeuchtigkeit im Lyndon B. Johnson Space Center in Houston, Texas, aufbewahrt, wo es geschäftstüchtigen Praktikanten immer wieder einmal gelungen sein soll, Proben zu entwenden.

Kontinuierlich treffen kleine Meteoritenpartikel den Mond, nur gelegentlich bewirken größere Stücke einen energiereicheren Aufprall. Einer Schätzung zufolge schlägt jeden Tag ein Meteorit in der Größe eines Fußballs irgendwo auf dem Mond auf. Paul D. Spudis, Geologe am Lunar and Planetary Institute in Texas, beschreibt diesen Prozess »als riesiges Sandstrahlgebläse, das die Mondkruste allmählich zu Staub zermahlt«. Die Erdoberfläche dagegen wird von der Atmosphäre beschützt; kleinere Gesteinspartikel aus dem Weltraum verglühen, bevor sie hier auftreffen könnten.

Zwei Jahrzehnte nach dem Ende des Apollo-Programms gab es eine Überraschung, die den Mond der Erde noch ein wenig ähnlicher erscheinen ließ. Das Vorhandensein von Wasser wurde 1994 zumindest als theoretische Möglichkeit in Erwägung gezogen. Die Raumsonde Clementine, die den Mond zwei Monate lang umkreist hatte, erstellte Karten der Polarregionen, wo einige Krater so tief sind, dass das Sonnenlicht nie den Boden erreicht. Stellenweise liegt die Temperatur dort nur 35 Grad Celsius über dem absoluten Nullpunkt, bei -238 Grad so niedrig, dass sich gefrorenes Wasser praktisch unbegrenzt halten könnte. Die zurückkommenden Wellenlängen der in die Schattenzonen geschickten Radarimpulse schienen das Eis zu bestätigen. Forscher, die die Clementine-Daten analysierten, gingen nun davon aus, dass es am Südpol des Mondes eine zwischen 90 und 130 Quadratkilometer große Fläche geben müsse, die von Eis bedeckt sei. Das erregte großes Interesse, hätte es doch den Betrieb einer sich selbst versorgenden Mondsiedlung zumindest denkbar gemacht. Woher das Eis gekommen sein könnte, blieb unklar. Einer Theorie zufolge war das Wasser bei der Kollision des Himmelskörpers mit der frühen Erde, aus welcher der Mond hervorging, nicht verdampft. Laut einer anderen Annahme war es später mit Kometen oder wasserhaltigen Meteoriten dorthin gelangt. In jedem Fall war man sich darüber einig, dass es nur in sehr begrenzter Menge vorhanden sein würde. In einem etwas anderen Licht erschienen die Ergebnisse, als 1997 im Arecibo-Observatorium (Puerto Rico) ähnliche Effekte beobachtet wurden, allerdings in weit von den Polen entfernten Regionen, in denen die Anwesenheit von Eis schlicht unmöglich ist. Offensichtlich führten sehr raue Oberflächen zu ähnlichen Radarergebnissen wie vermutete Eisflächen. Donald B. Campbell, Astronomieprofessor an der Cornell University in Ithaca, New York, räumte immerhin ein, dass »weder Arecibo noch Clementine alle Gebiete beobachteten, die in ständigem Schatten liegen ... es also noch die Möglichkeit von Eisablagerungen am Boden tiefer Krater gibt«. Und tatsächlich stützten 1998 weitere Untersuchungen diese Hypothese. Die Wissenschaftler gehen davon aus, dass in den Kratern der Mondpole zwischen zehn und 300 Millionen Tonnen Wasser bzw. Eis verteilt sind.

Mit Überraschung aufgenommen wurde die Entdeckung, die Erik Hauri, ein Geochemiker der Carnegie Institution am Washingtoner Department of Terrestrial Magnetism, und einige seiner Kollegen 2008 bekannt gaben: Die während der Apollo-Missionen auf dem Mond gefundenen grünen und orangefarbenen Glaskügelchen enthielten, wie sie herausfanden, einige flüchtige Elemente und auch Wasser. Eigentlich hätte es bei den hohen Temperaturen während der Mondbildung verdampfen müssen. Mithilfe eines Spezialspektrometers konnte Hauri aber zeigen, dass einige Komponenten des Mondmantels minimale Wasseranteile enthalten könnten. Man nimmt an, dass die Kügelchen im Zuge vulkanischer Eruptionen auf der Mondoberfläche entstanden sind.

Das ist aber immer noch nicht das Ende der langen Geschichte der immer genaueren Erforschung der Mondoberfläche. Die Spekulationen erreichten einen

Quadrant IV (SW).
Quadrant I (NW).
Altai Geb.
MARE
NECTARIS
MARE
FOECUNDITATIS
MARE
TRANQUILLITATIS
MARE
CRISIUM
MARE
VAPORUM
Hämus Gb.
Taurus Geb.
MARE
SERENITATIS
LACUS
SOMNIORUM
Kaukasus Geb.
LACUS
MORTIS
PAL
PUTR

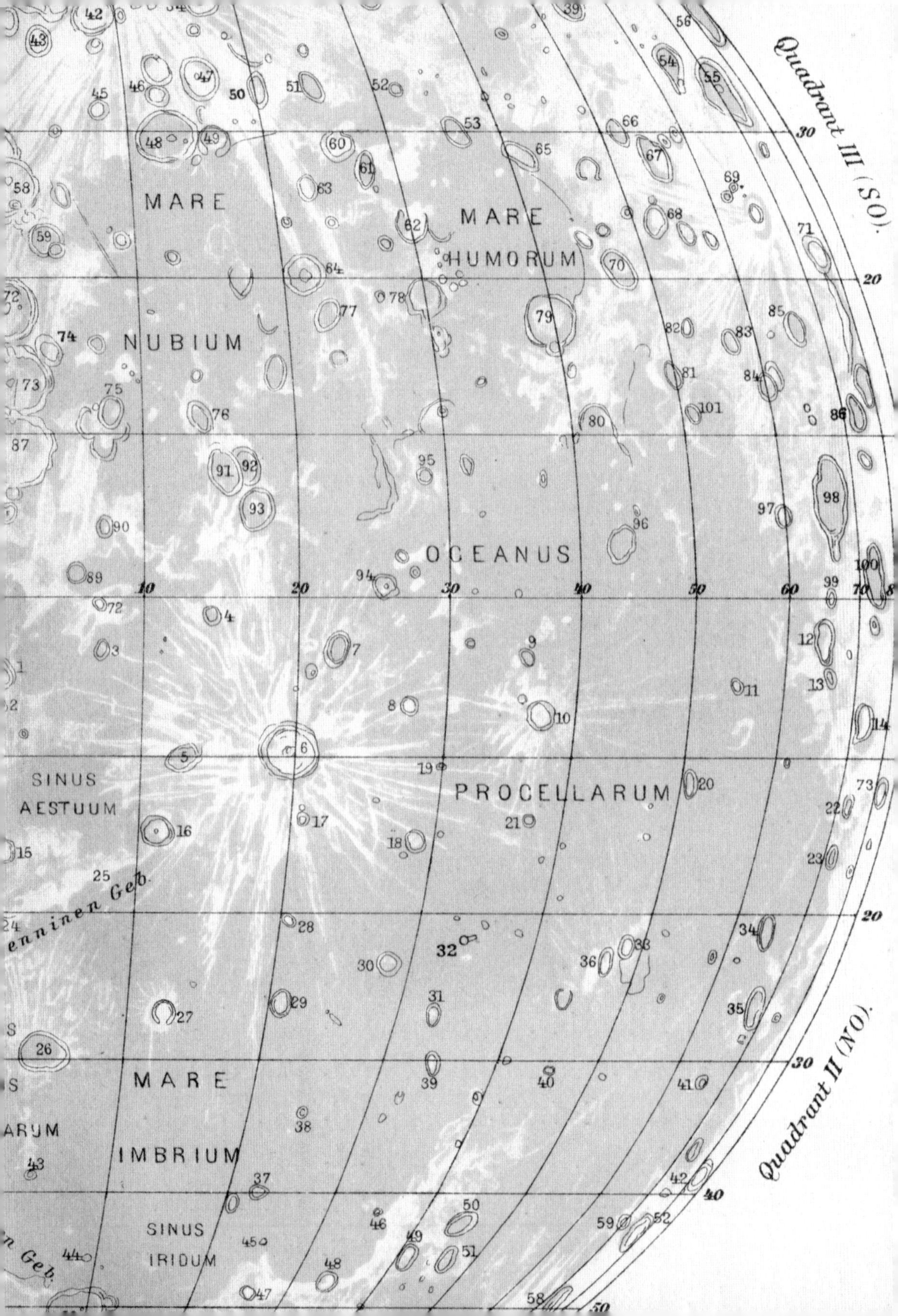
Quadrant III (SO).
MARE
NUBIUM
MARE
HUMORUM
OCEANUS
PROCELLARUM
SINUS
AESTUUM
ennninen Geb.
MARE
IMBRIUM
SINUS
IRIDUM
n Geb.
Quadrant II (NO).

vorläufigen Höhepunkt, als die NASA im November 2009 bekannt gab, dass sich im Laufe von Milliarden von Jahren eine »signifikante Menge« Wasser in Form von Eis angesammelt habe. Einen Monat zuvor hatte man einen Satelliten namens LCROSS absichtlich in einem Krater in der Nähe des Südpols abstürzen lassen. Durch den Aufprall entstand nicht nur ein zwischen achtzehn und dreißig Metern großes Loch, sondern es wurden auch mindestens hundert Liter Wasser freigesetzt und an die Oberfläche befördert.

Noch verblüffendere Ergebnisse ergab eine unter Leitung von James Van Orman von der Case Western Reserve University in Cleveland, Ohio, durchgeführte Untersuchung von erhärteter Lava, deren Ergebnisse 2011 veröffentlicht wurden. Danach sei der Wassergehalt dieses Mondgesteins ähnlich hoch wie der im Erdmantel, außerdem hat man auch Fluor, Chlor und Schwefel gefunden. Kenneth Chang, Wissenschaftsredakteur der *New York Times*, kommentierte: »Es regnet nicht auf dem Mond, aber es scheint immer feuchter zu werden.« Diese Erkenntnisse könnten weitreichende Folgen haben. So stellen sie die Theorie vom großen Einschlag infrage, weil diese die Existenz eines Fremdkörpers voraussetzt, der mit der Erde kollidierte. Erde und Mond scheinen sich aber ähnlicher zu sein, als bisher angenommen, was der Theorie eines gemeinsamen Ursprungs Vorschub leistet.

Die Mondkrater, die meist auf den Hochländern gelegen sind und von denen hunderttausend einen Durchmesser von über 800 Metern haben, zogen lange besondere Aufmerksamkeit auf sich, weil sie einen starken Kontrast zur Erdoberfläche darstellen. Die Vertiefungen sind mal rund, mal kantig oder ganz unregelmäßig, mit oder ohne ausgeprägten Wall. Es gibt Krater in allen Größen: die kleinsten sind submikroskopisch, der größte, Aitken in der Nähe des Südpols, auf der Rückseite gelegen, hat einen Durchmesser von 2400 Kilometern und ist zwölf Kilometer tief. Zuweilen wurde die Mondoberfläche scherzhaft mit »Schweizer Käse« verglichen, aber selbst ernsthafte Versuche, die Vielzahl von Kratern zu klassifizieren, führten eher zu Verwirrung. Schon die Verwendung des Begriffs »Krater« ist problematisch, weil die Krater des Mondes weder vulkanischen Ursprungs noch so tief wie die Vulkankrater der Erde sind. Das Wort erinnert uns an die frühere und überholte Erklärung für diese Formationen. Heute ist eher von *impact craters*, Einschlagkratern, die Rede, um sie von den vulkanischen abzugrenzen.

Als Teleskope verfügbar waren, begannen Wissenschaftler über den Ursprung dessen zu spekulieren, was Galileo Galilei mit den »Augen auf einem Pfauenschwanz« verglichen hatte. Robert Hooke, Sekretär der Royal Society, war einer der Ersten, der eine Meinung dazu äußerte. Sein Buch *Micrographia* (1665) handelte vor allem von seinen Entdeckungen mit dem Mikroskop, aber in einem Exkurs verglich er die Mondkrater mit den Erdvulkanen und schrieb ihnen eine im Innern des Mondes begründete Ursache zu. Einmal ließ er in einem zunächst etwas seltsam anmutenden Experiment Flintenkugeln in feuchten Ton fallen, um Vertiefungen zu schaffen, die den Mondkratern ähneln sollten. Auch der in St. Petersburg forschende Astronom Franz Aepinus zog am Ende des 18. Jahrhunderts den Schluss, dass die Mondkrater vulkanischen Ursprungs seien, und spekulierte, dass die Becken nur die erste Stufe der Bildung eines Vulkanbergs darstellten. Das zentrale Hügelchen ausgeworfener Materie um die Öffnung nannte er »Molfette«.

Aepinus wusste, dass der Mond keine Atmosphäre besitzt, und schrieb die Sichtbarkeit der vulkanischen Merkmale dem Fehlen von Erosion durch Wind, Regen und Schnee zu. In den wenigen Unregelmäßigkeiten der dunkler gefärbten Regionen meinte er, die Ränder ringförmiger Gebilde zu erkennen, die über die Oberfläche der wassergefüllten Mondozeane hervorragen. Die großen Strahlenkrater hielt er für riesige Vulkane; er behauptete sogar, wenn man den Ätna, den größten aktiven Vulkan Europas, von oben betrachten würde, sähe er so aus wie Tycho.

Im Jahre 1778 erweiterte William Herschel die Theorie vom Mondvulkanismus noch um weitere Details. Er sah »drei Vulkane an verschiedenen Orten des dunklen Teils des Neumonds. Zwei von diesen sind entweder beinahe erloschen oder ansonsten gerade in einem Zustand, dass sie ausbrechen werden, was vielleicht beim nächsten Mondwechsel zu entscheiden sein werde. Der dritte offenbart einen Ausbruch mit Feuer oder leuchtendem Material.« Von dem »Ausbruch« meinte er, dass er »einem kleinen Stück brennender Kohle ähnele, wenn es mit einer sehr dünnen Schicht weißer Asche bedeckt ist, die häufig daran haften bleibt, nachdem sie schon eine Zeit lang geglüht hat; und es zeige einen Grad der Helligkeit, ungefähr so stark wie der einer Kohle, die man in schwachem Tageslicht glühen sieht«. Dem fügte er noch hinzu: »All die benachbarten Teile des Vulkanberges schienen von dem Ausbruch schwach erleuchtet, und wurden dann allmählich dunkler, wenn sie weiter vom Krater entfernt waren.«

Den Forschern kamen damals keine Zweifel an dem angeblich vulkanischen Ursprung der Mondkrater. Obwohl oft viel größer, ähnelten die Formationen auf dem Mond, wenn man sie durch frühe Teleskope betrachtete, tatsächlich den Vulkanen auf der Erde – besonders dem von einem Ring von Hügeln umgebenen Vesuv. Illustrationen, die auf Beobachtungen des Mondes unter schräg einfallendem Sonnenlicht basieren, zeigen mit geradezu dramatischer, länglicher Schattenbildung spitze Gipfel, wo es in Wirklichkeit keine gab. Außerdem hatte die Wissenschaft im 18. Jahrhundert noch keine Vorstellung, wie der Mond entstanden war. Zudem hatte noch niemand einen Meteoritenaufprall mit Kraterbildung beobachtet; es gab nur gelegentliche, mehr oder weniger zuverlässige Berichte über vom Himmel gefallene Steine. Am frühen Nachmittag des 26. Juli 1803, zu einer Zeit, als selbst die Existenz von Meteoriten noch umstritten war, geschah jedoch etwas Bemerkenswertes. In der Umgebung des Dorfes L'Aigle in der Normandie konnten Hunderte von Menschen einen Meteoritenregen mit Tausenden von Steinen beobachten, was nicht nur jeglichen Zweifel über ihren außerirdischen Ursprung ausräumte, sondern in der Folge auch größere Einschläge plausibel erschienen ließ. Wenige Jahre später, am 14. Dezember 1807, schlug der Weston-Meteorit in Connecticut auf – es war der erste für die USA verzeichnete Fall, der überdies von zwei Professoren der Yale University dokumentiert wurde. Präsident Thomas Jefferson soll diesen Vorfall allerdings mit den Worten kommentiert haben: »Ich bin eher geneigt zu glauben, dass zwei amerikanische Professoren lügen, als dass Steine vom Himmel fallen.«

Bis ein solcher Meteoriteneinschlag zur Erklärung für die Entstehung von Mondkratern in Erwägung gezogen werden sollte, vergingen noch viele Jahre. Der englische Populärastronom Richard A. Proctor rang in seinem Buch *The Moon* (1873) mit der Theorie vom vulkanischen Ursprung der Mondkrater. Er wusste, dass Wasser die Voraussetzung für heftige Ausbrüche war, und sah keine befriedigende Erklärung für das, was er als »die Struktur großer, kraterförmiger Bergketten auf dem Mond« bezeichnete. Er räumte ein, dass es einmal große Mengen an Wasser auf dem Mond gegeben haben könnte, sah zum gegenwärtigen Zeitpunkt aber keinen Anhaltspunkt für dessen Vorhandensein. Außerdem fragte er sich, wie die vielen kleineren Krater zu erklären seien, die den markanten Krater Kopernikus umgeben. Schließlich formulierte Proctor seine Vorstellung, die Mondkrater gingen auf Meteoriteneinschläge zurück, die zu einem Zeitpunkt stattfanden, als der Mond sich noch »in einem formbaren Zustand« befand. Er begründete seine Annahme wie folgt: »Tatsächlich mag es zunächst zu gewagt und fantastisch erscheinen, zu behaupten, dass die zahllosen Krater auf dem Mond, und vor allem die kleineren Krater, die man mithilfe von leistungsfähigen Teleskopen in großer Zahl erkennen kann, durch einen meteorischen Regen verursacht wurden. Vielleicht sollte ich das nicht weiter als wahre Theorie ihres Ursprungs propagieren, allerdings sollte man bedenken, dass bisher keine plausible Theorie angeführt wurde, die dieses bemerkenswerte Merkmal der Mondoberfläche erklären könnte.« Proctor stellte sich vor, dass »bei enormer, durch den Niederschlag herbeigeführter Hitze eine riesige kreisförmige Region der Mondoberfläche sich verflüssigen und, während sie noch von ringförmigen, vom Niederschlag verursachten Wellen durchzogen wird, schnell erkalten würde, worauf sich etwas ergäbe, wie es heute bekannt ist«.

Paradoxerweise war mehr Forschung hier auf der Erde nötig, um die Krater auf dem Mond besser erklären zu können. Der für den U.S. Geological Survey tätige Geomorphologe Grove K. Gilbert wandte sich in den 1880er-Jahren Coon Mountain (später in Barringer-Krater oder Meteor Crater umbenannt) zu, einem riesigen Loch im Sandstein der Wüste von Arizona. Als er das Fassungsvermögen des Kraters zu dem am Rand angehäuften Material in Bezug setzte, zog er zunächst irrtümlich den Schluss, es könne kein Meteorit gewesen sein, der den Krater ausgehöhlt habe. Nicht einmal die Meteoritenfragmente, die er neben dem Krater fand, konnten ihn überzeugen – er erklärte ihr Vorkommen als rein zufällig. Heute wissen wir, dass dort vor fünfzigtausend Jahren ein 63 000 Tonnen schwerer Gesteinsbrocken mit einer Geschwindigkeit von mehr als 65 000 Stundenkilometern, also rund fünfzigmal so schnell wie eine Pistolenkugel, aufprallte und explodierte. Ein Jahrzehnt nach dem katastrophalen Vulkanausbruch auf der indonesischen Insel Krakatoa 1883 verlagerte Gilbert schließlich den Schwerpunkt seiner Arbeit auf den Mond. Seltsamerweise hielt er geradezu verbissen an seiner Meinung fest, die Mondkrater seien tatsächlich das Ergebnis von Meteoriteneinschlägen.

Einer damals verbreiteten Auffassung zufolge hätten Meteoriten, die den Mond aus verschieden geneigten Winkeln treffen, eigentlich zu ovalen, lang gezogenen Kratern führen müssen. Wie konnte Gilbert dann die durchgängige Kreisform der Krater erklären? In seinem Labor feuerte er unter genau definierten Bedingungen Tonkugeln auf Oberflächen aus demselben Material. Dabei fand er heraus, dass die Form der Einschlagstellen nicht nur von dem Winkel abhing, in dem die Kugeln das Ziel trafen, sondern auch von der Viskosität des Materials und dem Tempo des Aufpralls. Seine Ergebnisse, so erklärte er, würden die mehr oder weniger kreisförmigen Einschlaglöcher auf der Mondoberfläche belegen.

Bis der neuen Theorie Gehör geschenkt wurde, musste noch geraume Zeit vergehen; die meisten Forscher fanden sie zu radikal. Der amerikanische Astronom Ralph B. Baldwin lieferte weitere Belege für Einschläge als Ursache der Mondkrater. Bei der Untersuchung von Fotos des Mondes hatte er sich lange gefragt, wie die gerade verlaufenden Täler oder tiefen Rillen entstanden sein könnten, die zum Zentrum des Mare Imbrium führten, und kam zu dem Schluss, sie müssten während überaus energiereicher Explosionen durch massive Felsformationen in den Mondboden gepflügt worden sein. Nach dem Zweiten Weltkrieg verglich Baldwin Tiefe und Durchmesser von Mondkratern mit den von Bombenexplosionen hinterlassenen Löchern und konnte dabei auffällige Parallelen beobachten. Er stellte auch eine Liste von etwa fünfzig Formationen auf der Erde zusammen, die als Ergebnis von Meteoriteneinschlägen gelten könnten. Wie Baldwin in *Das Gesicht des*

Mondes (1949) schrieb, »legen alle Beobachtungen den Schluss nahe, dass die überwiegende Mehrheit der Mondkrater im Zuge riesiger Explosionen entstanden sind, die wiederum das Resultat des Einschlags und plötzlichen Stockens der Bewegung großer Meteoriten ist, und dass die Hauptzüge der Mondkruste während des ersten Viertels seiner Existenz als Satellit geschaffen wurden«. Er erkannte auch, dass die kreisförmige Form des Kraters mit der symmetrischen Natur der Stoßwelle zu tun haben könnte. Während Baldwin an seiner Hypothese arbeitete, muss er sich auch der Atombombenabwürfe auf Hiroshima und Nagasaki bewusst gewesen sein. Sein Buch wurde damals von der Öffentlichkeit kaum wahrgenommen, gelangte jedoch in die Hände der richtigen Wissenschaftler und gilt heute als Standardwerk in der Geschichte der Mondforschung.

Die amerikanische Wissenschaftsautorin Dana Mackenzie hat den Charakter solcher Einschläge inzwischen noch genauer und anschaulicher beschrieben: »Es ist nicht ganz richtig, sich vorzustellen, der Meteorit habe einen Krater ›gegraben‹; vielmehr komprimiert, zerteilt, pulverisiert und schmilzt er das Gestein, bevor er es in alle Richtungen schießt. Diese sekundären ›Bomben‹ richten noch einmal enorme Verwüstungen an. Auf dem Mond (nicht dagegen auf der Erde) findet man ohne Mühe sekundäre Krater, die durch Material geschaffen wurden, das aus größeren Einschlagkratern ausgeworfen wurde.«

In einem 1923 in der Zeitschrift *Popular Astronomy* veröffentlichten Artikel stellte Edward G. Davis die gewagte Behauptung auf, in den Mondmeeren hätten sich Korallenatolle gebildet und manche der Krater seien so stark mit diesem Material angefüllt, dass die zentralen Gipfel nicht mehr zu erkennen seien. Für den Wall des Kraters Kopernikus berechnete er ein Alter von 68 000 Jahren. Starke Bewegungen der Kruste hätten dem Leben auf dem Mond schließlich ein Ende gesetzt, nur die Atolle erinnerten noch an eine längst vergangene Zeit. Die vielleicht seltsamste These von allen zur Beschaffenheit der Mondoberfläche wurde dann aber von dem exzentrischen spanischen Ingenieur Sixto Ocampo 1949 im Bulletin des Vereins der argentinischen Freunde der Astronomie veröffentlicht, nachdem er in seinem Heimatland keine Zeitschrift hatte finden können, die bereit war, den Artikel zu drucken. Ocampo war nicht nur davon überzeugt, dass der Mond bewohnt sei, sondern er deutete die Krater und Strahlensysteme als Ergebnis von Atomexplosionen, die sich während kriegerischer Auseinandersetzungen zwischen zwei Mondvölkern ereignet hätten. Die unterschiedlichen Formen der Krater, die manchmal in der Mitte einen kleinen Gipfel aufweisen, spiegelten, so Ocampo, die Verwendung verschiedener Bombenarten wider. Die letzten großen Explosionen hätten einen Rückstoß auf der Erde bewirkt, der die Ursache der biblischen Sintflut gewesen sei.

Gibt es eine Korrelation zwischen Erdbeben und bestimmten Mondphasen? Geoff Chester, Astronom beim U.S. Naval Observatory, meint, dass »dieselbe Kraft, welche die Bewegung der Gezeiten in den Meeren bewirkt, auch solche in der Erdkruste zur Folge haben kann«. Das verheerende Erdbeben, das Teile Griechenlands und der Türkei im Herbst 1999 erschütterte, ereignete sich nach einer völligen Sonnenfinsternis, der Tsunami von 2004 zur Zeit eines Vollmonds. Handelte es sich um Zufälle? Obwohl erwiesen ist, dass die Erdanziehungskraft Mondbeben auslösen kann, wird das umgekehrte Phänomen von den meisten Wissenschaftlern bezweifelt.

Etwas, das man nicht sehen, benennen und klassifizieren kann, obwohl man ganz genau weiß, dass es existiert, ist eine besondere Herausforderung für das Vorstellungsvermögen. Gaben die sichtbaren Krater schon Anlass zu allen möglichen Vermutungen und Theorien, so bot die Rückseite des Mondes erst recht Raum für Gedankenexperimente. Bis vor etwa einem halben Jahrhundert hatte niemand sie je gesehen. Der im 19. Jahrhundert wirkende Mathematiker Peter Andreas Hansen war davon überzeugt, dass der Mond nicht rund sei und seine Mitte aufgrund von Unterschieden in der Dichte nicht mit dem Zentrum der Schwerkraft zusammenfalle. Hansen verstieg sich auch zu der gewagten Spekulation, dass Wasser und Luft sich auf die Rückseite verlagert und dort die Voraussetzungen für die Entstehung von organischem Leben geschaffen haben könnten. Sein Zeitgenosse John Herschel stimmte ihm darin zu und meinte sogar, es gebe dort einen Ozean voller Wasser. Hansens Theorie wurde später verworfen; aber immerhin hatte er mit seinem Gedanken recht, dass der Massemittelpunkt des Mondes leicht verschoben ist.

Umgangssprachlich wird die Rückseite des Mondes häufig als dessen »dunkle« Seite bezeichnet. Dabei ist die Oberfläche dort nicht dunkler als die der uns bekannten Seite; sie blieb unserer Sicht nur lange verborgen. Wie auf der Vorderseite gibt es dort zwei Wochen Sonne, auf die zwei Wochen Finsternis folgen. Knapp ein Fünftel der Rückseite ist unter bestimmten Bedingungen auch von der Erde aus sichtbar – ein Ergebnis der leichten Pendelbewegung oder »Libration« –, der übrige Teil des Mondes bleibt von unserem Standpunkt aus immer unsichtbar. Wissenschaftler wie Laien haben darüber spekuliert, wie die unsichtbare Seite beschaffen sein könnte. Mark Twain meinte: »Jeder Mensch ist wie ein Mond und hat eine dunkle Seite, die er niemandem zeigt.« Etwa ein Jahrhundert später gab Pink Floyds Album *The Dark Side of the Moon* (1973) einer ganzen Generation von Teenagern Rätsel auf, welche dunkleren Aspekte der menschlichen Existenz mit diesem Titel gemeint sein könnten.

Das Geheimnis der anderen Seite des Mondes wurde schließlich in einer kongenialen Kombination von Entdeckergeist und technischem Fortschritt gelüftet. Im Januar 1959 startete die Sowjetunion ihr Mondprogramm, das bis Ende 1970 zwanzig Missionen umfassen sollte. Die Sonde Lunik 3, die am 4. Oktober 1959 in den Weltraum geschickt wurde, hatte zwei automatische Kameras, deren spezifisches Orientierungs- und Führungssystem sicherstellte, dass die Objektive stets in Richtung Mond ausgerichtet waren. Drei Tage nach dem Start, als das Gefährt in einer Entfernung von ca. 65 000 Kilometern über der Mondoberfläche flog, wurde automatisch die Belichtung des Films ausgelöst. Aus der Perspektive der Kameras betrachtet, hatte sich die Mondphase erheblich verändert. Während der Mond von der Erde aus gesehen gerade erst in den neuen Zyklus eingetreten war, zeigte er sich von der Lunik 3 aus beinahe als Vollmond. Fotozellen entdeckten die von der Sonne beschienene Rückseite und lösten eine Sequenz von Aufnahmen aus. Im Laufe von 40 Minuten wurden etwa 70 Prozent der erdabgewandten Seite des Mondes auf Film gebannt. Der belichtete Film wurde gleich an Bord der Sonde entwickelt, fixiert und getrocknet. Es dauerte noch ein paar Tage, bis die Lunik 3 der Erde nah genug war, um die Bildsignale zur Bodenstation senden zu können. Die Aufnahmen wurden dann noch mithilfe von Computern verarbeitet und ergaben eine vorläufige Karte der »dunklen« Seite des Mondes.

Die größte Überraschung war, dass die Rückseite sich erheblich von der erdzugewandten Seite unterschied, weil es auf ihr viel mehr Kratereinschläge gibt. Andererseits machen *maria* nur etwa zwei Prozent der Rückseite aus, während es auf der Vorderseite 30 Prozent sind. Die Oberfläche der Rückseite besteht fast nur aus Hochländern. Wissenschaftler gehen heute davon aus, dass die Asymmetrie – analog zur Verteilung von Kontinenten und Ozeanen auf der Erde – ihre Ursache in Gründen hat, die mit dem Mondinneren zusammenhängen. Die wahrscheinlichste Erklärung besteht darin, dass die Kruste auf der Rückseite dicker ist, was es geschmolzenem Material erschwerte, an die Oberfläche zu gelangen und die glatten *maria* zu bilden. Man weiß auch, dass auf der uns zugewandten Seite ein gewaltiger starker Einschlag das größte Becken, Oceanus Procellarum mit 2500 Kilometern Durchmesser, schuf, wobei große Mengen an Gestein auf die Rückseite geschleudert wurden.

Nachdem die Sowjets 1959 mithilfe der Lunik 3 die erdabgewandte Seite kartiert hatten, stürzten sie sich in eine wahre Benennungsorgie. Sie konnten sich nicht nur rühmen, den ersten Menschen ins All geschickt zu haben, sondern hatten die Vereinigten Staaten damit auch in diesem Punkt übertrumpft. Die amerikanische Sonde Ranger 4, die als erste der US-Raumfahrt Fotos von der Rückseite hätte machen sollen, stürzte 1962 auf die Mondoberfläche. Aber noch war längst nicht alles verloren. Spätere Sonden wie die Ranger 7 (Juli 1964) und vor allem das Lunar Orbiter program (1966–67) fotografierten die Mondrückseite in viel größerem Detail, als es allen anderen bis dahin gelungen war. Und als Apollo 8 im Jahre 1968 den Mond – in Vorbereitung der Landung von Apollo 11 – umkreiste, waren die Crewmitglieder die Ersten, die die Rückseite mit eigenen Augen sahen.

Lunare Wirkungen auf Naturphänomene

Beim Stand des Mondes
im Tierkreiszeichen des Stiers –
also im Frühjahr –
soll man alle langwierigen Dinge anfangen.

Aus einem Planetenbüchlein 1782

Bauern waren früher der Auffassung, es sei am besten, die Ernte bei Vollmond einzuholen. Landarbeiter breiteten deswegen ihren Weizen beim hellen Schein des Mondes auf dem Dreschboden aus in der Hoffnung, dass er besser trocknen würde. Der seit 1792 jährlich veröffentlichte amerikanische *Old Farmer's Almanac* empfiehlt, »Pflanzen und Gemüse, deren Früchte oberhalb der Erde wachsen, während des Lichts des Mondes zu säen, also in der Zeit zwischen dem Tag nach Vollmond bis zu dem Tag vor Neumond«. Anders bei Pflanzen, deren Feldfrüchte in der Erde reifen; sie nämlich solle man bei Neumond aussäen.

Camille Flammarion zufolge galt es unter französischen Gärtnern als gesichert, dass das Mondlicht der Monate April und Mai eine schädliche Wirkung auf junge Pflanzenschösslinge hat. Blättchen und Knospen würden durch das Mondlicht in klaren Nächten Schaden nehmen. Die jungen Triebe schienen erfroren zu sein, obwohl das Thermometer mehrere Grad über Null anzeigte. Auch die heute populäre biologisch-dynamische Landwirtschaft berücksichtigt die Mondphasen. Rudolf Steiner, der Begründer der Anthroposophie, machte verschiedene »kosmische« Einflüsse für das Wachsen und Gedeihen von Pflanzen verantwortlich. Aussaat und Ernte werden mit Mondrhythmen in Übereinstimmung gebracht, und man vergräbt bei Vollmond mit »Düngehilfsmitteln« gefüllte Kuhhörner.

Dass in vielen Gebieten Mitteleuropas Bäume jahrhundertelang ausschließlich im Winter gefällt wurden, hatte seinen Grund darin, dass das Holz zu dieser Zeit trockener ist und dass keine Feldarbeit ansteht. Bis heute wird jedoch zuweilen auch ein Zusammenhang zwischen Mondphasen und Holzqualität hergestellt. Das sogenannte Mondholz – Holz, das typischerweise vor Neumond geschlagen wurde – soll ganz besondere Eigenschaften aufweisen: Es sei extrem witterungsbeständig und deshalb auch besonders widerstandsfähig und belastbar. Was nach Aberglauben klingt, wurde von dem Ingenieurwissenschaftler Ernst Zürcher, Professor für Holzwissenschaften an der Berner Fachhochschule, bestätigt. Er fand mithilfe von Messungen heraus, dass kurz vor Neumond geschlagenes Holz mehr

Wasser in seinen Zellen speichert und deshalb schwerer und stabiler ist als solches von Bäumen, die unmittelbar vor Vollmond gefällt wurden. Zürcher schreibt das allerdings nicht der Anziehungskraft des Mondes zu, sondern der Wasserökonomie des Baumes zu diesem Zeitpunkt. Er stellte die Hypothese auf, dass der Mond in seiner neuen Phase die Erde vor Sonnenwinden schützt, die auf die Bindung von Wasser in den Baumzellen Einfluss haben. Experimente in der Abteilung für Forstwissenschaft an der Eidgenössischen Technischen Hochschule Zürich haben zudem gezeigt, dass während der Vollmondphase gepflanzte Bäume ein verbessertes Wachstum aufweisen. Ein Beleg also für alte Bauernregeln? Unter Wissenschaftlern ist der Befund umstritten: Untersuchungen von Mondholz durch Mitarbeiter der Technischen Universität Dresden konnten keine besonderen Eigenschaften feststellen. Dennoch preisen viele Menschen die Qualität des zu bestimmten Mondphasen geschlagenen Holzes für den Geigenbau oder für Weinfässer. Die Grenzen zur Scharlatanerie sind allerdings fließend: Warum bei Vollmond abgefülltes Mineralwasser besser sein soll und höhere Preise rechtfertigt, dürfte nicht jedem einleuchten.

Gibt es eine Verbindung zwischen dem Wetter und bestimmten Mondphasen? »Je höher der Mond und je höher die Wolken, desto besser das Wetter« oder: »Mond im Norden bringt Kälte, Mond im Süden Wärme und Trockenheit« – in der alten Wetterkunde finden sich viele solcher Regeln. Astrometeorologische Spekulationen über die Wirkung des Mondes auf das Wetter behaupten sich besonders hartnäckig. Der Londoner Apotheker Luke Howard, der im 19. Jahrhundert das bis heute gebräuchliche Klassifikationsschema für Wolken entworfen hat, führte sehr genau Buch über seine meteorologischen Beobachtungen und schrieb in seinen Aufzeichnungen von einem Bezug zwischen den Mustern barometrischer Schwankungen und der Anziehungskraft des Mondes auf die Erdatmosphäre. Auch andere Amateurforscher, die sich intensiv mit diesem Thema beschäftigten, meinten, der Mond sei in der Lage, elektrische oder magnetische Störungen in der Atmosphäre hervorzurufen. Robert FitzRoy, zunächst Kapitän – unter anderem auf der »Beagle«, auf der er einmal Charles Darwin an Bord hatte –, später Vorsitzender des British Meteorological Office, verfocht die Idee, dass sowohl Mond als auch Sonne eine Anziehung auf die Erdatmosphäre ausüben. In *Das Wetterbuch: eine praktische Meteorologie* (1863) führte FitzRoy Zusammenhänge verschiedenster Art zwischen Himmelserscheinungen und dem Wetter an. Zum Beispiel sah er in dem Moment, wenn die dunkle Mondscheibe gerade noch sichtbar ist, »ein Zeichen für schlechtes Wetter in den gemäßigten Zonen oder mittleren Breitengraden (wahrscheinlich weil die Luft dann in hohem Maße durchsichtig ist)«. Derartige Auffassungen waren schon damals sehr umstritten. Skeptiker eines lunaren

Einflusses auf das Erdwetter weisen darauf hin, dass Wetterwechsel vielfältige und komplexe Ursachen haben und sich zu jedem beliebigen Moment an verschiedenen Orten der Erde ereignen.

Ein realer Bezugspunkt für solche Vermutungen sind dagegen die Gezeiten, deren Ursache in den Anziehungskräften begründet ist, die Mond und Sonne auf die Erde ausüben. Die Gezeiten stellen den offensichtlichsten Einfluss des Mondes auf die Erde dar. Das etwa zweimal tägliche Steigen und Sinken des Meerwasserspiegels erfolgt, wenn Wasser in Richtung Mond gezogen und – parallel dazu – eine Aufwölbung des Wassers auf der dem Mond abgewandten Erdhälfte erzeugt wird. Mond und Erde bilden ein Doppelplanetensystem und drehen sich um ein gemeinsames Zentrum, das zwar im Erdinneren, aber nicht genau im Erdmittelpunkt liegt – immerhin knapp fünftausend Kilometer vom geografischen Mittelpunkt. Da die Erde quasi um diesen Punkt »eiert«, bewirkt die dadurch verursachte Fliehkraft diesen zweiten Flutberg, die Aufwölbung.

Wenn Sonne, Erde und Mond bei Neumond und Vollmond in einer Linie stehen, gibt es eine Springflut. Und wenn sich der zu- oder abnehmende Mond dagegen im rechten Winkel zur Sonne befindet, schwächen sich die Kräfte von Sonne und Mond gegenseitig ab. Die Gezeiten sind dann besonders schwach ausgeprägt – in diesem Fall spricht man von einer Nippflut.

Um diesen leicht zu beobachtenden Vorgang rankten sich schon früh viele Mythen. So gehört zur Vorstellungswelt der australischen Ureinwohner seit jeher die Vorstellung, dass die Flut in den Mond fließt, wenn dieser untergeht, wodurch er dick und rund wird. Umgekehrt, wenn der Wasserstand niedrig ist, fließt das Wasser vom Vollmond in das darunter gelegene Meer, woraufhin der Mond wieder schmal wird.

Noch in der Antike konnten Reisende aus Athen und Rom, die bislang nur das vergleichsweise wenig bewegte Mittelmeer kannten, von der Kraft der Gezeiten des Atlantiks böse überrascht werden. Als Julius Cäsar im Jahr 55 v. Chr. bei seinem ersten Versuch, Britannien zu erobern, die Küste von Kent erreichte und ankerte, tat er dies ausgerechnet zum Zeitpunkt einer sechs Meter hohen Springflut, die von starkem Wind gefolgt wurde. Nach einem kurzen Landgang kehrte er zurück und fand seine Flotte auf dem Trockenen vor. Die Römer sahen sich daraufhin einem heftigen Angriff der Briten ausgesetzt.

Das Leben weiter Küstengebiete ist vom täglichen Steigen und Fallen des Wasserspiegels bestimmt, ganze Biotope werden in regelmäßigem Wechsel erst überflutet, um dann wieder trocken zu fallen. Der amerikanische Astronom und Anthropologe Anthony Aveni schreibt in *Empires of Time,* dass »viele Nahrungs- und Fortpflanzungszyklen der in den Ozeanen lebenden Organismen ihre Signale

vom Gezeitenablauf erhalten, der wiederum von Position und Erscheinen des Mondes bestimmt wird«. Aveni sieht in einer von ihm untersuchten Koralle aus dem Devon (datiert von vor 350 Millionen Jahren) »die Momentaufnahme eines archaischen Monatskalenders«: Ihre ausgeprägten waagerechten Wachstumsringe sollen während der Vollmondphasen entstanden sein.

Organismen haben sich dem regelmäßigen Wechsel der Mondphasen im Laufe von Hunderten Millionen von Jahren angepasst. Bei seinen Beobachtungen an Seeigeln konnte schon Aristoteles feststellen, dass die Eierstöcke dieser Tiere bei Vollmond etwas anschwollen - ein Phänomen, das zeitgenössische Wissenschaftler, die diese Tiere an der kalifornischen Insel Santa Catarina untersuchten, bestätigen konnten. Ein anderes Beispiel: Als Kolumbus am 12. Oktober 1492 die Neue Welt erreichte, nahmen er und seine Begleiter im Wasser vor der Küste der Bahamas etwa eine Stunde vor dem Aufgehen des Mondes ein Flimmern wahr, das die Anmutung eines weit entfernten Kerzenscheins hatte. Der Naturkundler Lionel R. Crawshay äußerte 1935 die Vermutung, dass diese Lichterscheinung durch den leuchtenden Atlantischen Feuerwurm verursacht worden sein könnte. Die Weibchen sind dafür bekannt, dass sie während des letzten Mondviertels nach Sonnenuntergang zur Wasseroberfläche aufsteigen und winzige Lichtblitze aussenden. Das wiederum zieht die männlichen Würmer an, die wie Glühwürmchen durch das Wasser flitzen.

Ein interessantes, geradezu klassisch gewordenes Beispiel für die an Mond- bzw. Gezeitenzyklen angepassten Organismen ist der Pazifische Palolo, der in den Korallenriffen um die Samoa- und Fidschi-Inseln lebt. Dieser Wurm pflanzt sich im Frühjahr fort, wenn der Mond in seinem letzten Viertel steht. Die Samoaner, die den Palolo als Delikatesse schätzen, verfolgen die Zeichen für diesen Prozess im Vorfeld sehr genau. Dazu gehört die genaue Beobachtung der scharlachroten Blüten des Indischen Korallenbaums, dessen Blühphase erfahrungsgemäß mit der Ankunft der Palolos zusammenfällt. Vom Vollmond, wenn er bei Tagesanbruch niedrig am westlichen Horizont steht, bis zum Palolo-Festmahl vergeht gerade einmal eine Woche. Für den Fortpflanzungsvorgang trennen sich die Würmer von ihren mit Sperma und Eiern angeschwollenen Hinterleibern. Diese Teile steigen dann bei Sonnenaufgang an die Wasseroberfläche auf, bewegen sich dort heftig hin und her und setzen dadurch die Geschlechtsprodukte frei. Die Inselbewohner brauchen diese Masse nur abzuschöpfen, um sie anschließend roh zu verspeisen; andere bereiten sie gedünstet oder gebacken zu. Paul Brown vom amerikanischen National Park Service hat die Erklärung dafür: »Mondlicht durchdringt das tropische Wasser recht gut, und diese Organismen reagieren auch auf geringe Lichteinwirkungen viel sensibler als wir.« Der Biologe hat etliche nächtliche Tauchgänge in fünfundzwanzig Metern Tiefe – mit Mondlicht als einziger Lichtquelle – unternommen und dabei festgestellt, dass die Palolo in Samoa dazu neigen, sich auf der Riffkrone und etwas unterhalb davon aufzuhalten, das heißt also in »nur« sechs bis zwölf Metern Tiefe. Obwohl es einen offensichtlichen Zusammenhang zwischen Fortpflanzungsprozess und Mondzyklus gibt, ist der genaue Auslösemechanismus noch unbekannt.

In den frühen 1980er-Jahren entdeckten australische Wissenschaftler einen ähnlichen Zeugungsvorgang bei Korallen. Sie beobachteten, dass sich unmittelbar nach Vollmond eine regelrechte Vermehrungsorgie ereignete: Bald war das Wasser voller herumschwirrender Eier und Spermien, die sich zu neuem Leben verbanden. Die Einzelheiten dieses sich meistens im Sommer ereignenden Phänomens blieben lange im Unklaren, aber Mitte 2007 konnte ein transnationales Wissenschaftlerteam beweisen, dass der Mond diesen Prozess steuert. Der Grund für die Gleichzeitigkeit sind fotoempfindliche Moleküle in den Korallen, die auf Mondlicht reagieren: »Es ist ein wirklich verblüffendes Molekül, das das größte Vermehrungsereignis auf dem Planeten auslöst«, sagt Ove Hoegh-Guldberg, Leiter der Studie an der University of Queensland in Australien. Um noch besser zu verstehen, wie es die Korallen schaffen, »ein Auge auf den Mond zu werfen«, bedarf es weiterer Forschung.

Dem Einfluss des Mondes auf Tiere des Festlands gingen ebenfalls schon früh Gelehrte nach, nachzulesen in alten Naturkundebüchern. Plinius zum Beispiel meinte im ersten nachchristlichen Jahrhundert, dass Äffchen bei abnehmendem Mond traurig und bei Neumond glücklich seien. Dem im darauffolgenden Jahrhundert lebenden römischen Schriftsteller Aulus Gellius zufolge werden die Augen einer Katze dem Mond entsprechend größer und kleiner. Und der mit noch mehr Fantasie begabte Claudius Aelianus schrieb wenig später, dass im Wald weidende Elefanten beim Erscheinen der Sichel des Neumonds ihren Blick auf sie richten und mit abgerissenen Zweigen so »winken«, als würden sie um die Gnade oder den Schutz der Mondgottheit bitten. Der Ibis wiederum, so Aelianus, halte seine Augen während einer Mondfinsternis so lange geschlossen, bis sie vorüber sei. Plinius, Gellius und Aelianus hatten sich schöne Anekdoten ausgedacht, die gerne weitererzählt wurden. Auch Krankheiten bei Tieren wurden bisweilen mit dem Mond in Verbindung gebracht: Als »Mondauge« bezeichnete man im deutschen Kulturraum eine Augenkrankheit von Pferden, die angeblich bei Neumond auftrat: »Das Gesicht des Pferdes verändert sich, wenn der Mond neu wird; die Augen werden ihm trüb, als hätten sie Fälle und Rinnen.« Es hieß, ein solches Tier sei mondäugig, mondblind, monig oder mönig. Eine Bauernregel vermutete, Flöhe würden sich vom Schein des Mondes angezogen fühlen und deshalb aus der Kleidung hervorkriechen. Folglich solle man Flöhe bei Vollmond suchen.

Solche Vorstellungen mögen seltsam anmuten; dennoch gilt neueren Erkenntnissen zufolge als sicher, dass das Verhalten einiger Tierarten tatsächlich mit dem Mondlicht zusammenhängt. Festgestellt wurde zum Beispiel, dass einige kleinere Nagetiere und selbst Fledermäuse, wie zum Beispiel der südamerikanische Flughund, in Mondscheinnächten weniger aktiv sind. Man spricht von einer »Lunarphobie«, was bedeutet, dass sie mondlichtscheu sind. Ganz im Gegenteil dazu zeigt zum Beispiel der in Venezuela und Teilen Brasiliens heimische, nicht einmal ein Kilogramm schwere Östliche Graukehl-Nachtaffe das Verhaltensmuster einer »Lunarphilie«: Während des Vollmonds ist er die ganze Nacht hindurch aktiv.

Darüber, ob ein Tier mondlichtscheu ist oder nicht, entscheidet letztlich sein Platz in der Nahrungskette. Ein Jäger, der eine ausgeprägte Nachtsichtfähigkeit besitzt, ist tendenziell eher nachtaktiv, während ein Tier, das im hellen Mondlicht besser gejagt werden kann, diesem eher ausweichen wird. Wenn es auf Vollmond zugeht, bleiben die Seehunde von Snake Island im kanadischen British Columbia öfter im Meer, möglicherweise weil das helle Mondlicht das Jagen von Tieren, die an die Oberfläche aufsteigen, entscheidend erleichtert. Beobachtungen in England haben ergeben, dass der Kiebitz, der gewöhnlich tagsüber auf Futtersuche ist und sich nachts ausruht, in den Wintermonaten bei Vollmond auch nachts nach Futter Ausschau hält, es sei denn, der Himmel ist von dichten Wolken bedeckt. Kraniche kehren bei hellem Mondlicht häufig später als gewöhnlich zu ihren Ruheplätzen zurück, und der Vogelzug der in vielen Regionen Europas und Asiens beheimateten Feldlerche wird einer auf vier Jahre angelegten Studie französischer Wissenschaftler zufolge von einer Phase des von halb auf voll zunehmenden Mondes bestimmt. Der einleuchtende Grund ist, dass die Orientierung während des Flugs nach Südeuropa und Nordafrika leichter ist, wenn der Vogel beinahe eine Woche lang von besseren Lichtbedingungen profitieren kann.

Eric Warrant von der Universität Lund in Schweden, auf das Sehvermögen von Tieren spezialisiert, hat bei der Beobachtung afrikanischer Mistkäfer herausgefunden, dass sich dieses Insekt durch seine besonders empfindlichen Augen auch im Mondlicht orientieren kann. Der Pfad, den der Käfer mit der kleinen Mistkugel verfolgt, verläuft geradliniger – der Mond hat die Rolle eines Signals oder Orientierungspunkts.

Als dämmerungsaktive Tiere, die vorwiegend am frühen Morgen oder frühen Abend unterwegs sind, werden Wölfe gerne mit dem Mond in Verbindung gebracht. Ihr Heulen wurde sogar als für den Himmelskörper bestimmte Nachricht gedeutet. Die Deutung dieses Verhaltens durch Hundeexperten fällt jedoch ernüchternd aus. Denn auch wenn ein Wolf seine Schnauze in Richtung Mond zu richten scheint, tut er dies nur, weil er in dieser Haltung lauter heulen kann und entsprechend besser gehört wird. Auf diese Weise verständigen sich Wölfe mit dem zerstreuten Rudel dank der hohen Tonlage und der lang gezogenen Laute über Distanzen von bis zu zehn Kilometern im Wald und 16 Kilometern in der baumlosen Tundra hinweg.

Wie die rätselhafte Kraft des Mondlichts die Menschen beeinflusst

Wenn es all die vermuteten Kräfte des Mondes tatsächlich gäbe, wären wir eine Spezies von Mondsüchtigen, die aus dem All ferngesteuert wird.

Bob Berman

Die Wirkung atmosphärischer und klimatischer Einflüsse auf den menschlichen Körper ist offensichtlich: Sonnenlicht, dessen Dauer und Intensität sich mit den Jahreszeiten verändert, kann nicht nur die Haut verbrennen, wenn wir zu viel davon abbekommen, und Langzeitfolgen nach sich ziehen, sondern wirkt sich auch auf unsere Stimmung aus. Blitze machen uns zu Recht Angst, können sie doch töten, wenn man sich ungeschützt zur falschen Zeit am falschen Ort befindet. Bei extremen Veränderungen des atmosphärischen Drucks, etwa bei Tauchgängen ohne entsprechenden Druckausgleich, kann das Lungengewebe reißen. Es gibt nachweislich Zusammenhänge zwischen den Jahreszeiten und der Geburten- und Sterbehäufigkeit. Aber hat der Mond wirklich Einfluss auf die menschliche Physiologie? Und wenn ja, in welchem Maße?

In vielen Kulturen wird vor Tätigkeiten im Mondlicht gewarnt – vielleicht nur, weil die Nacht in fast allen als Zeit der Ruhe und Erholung von der Tagesarbeit gilt. Noch im 19. Jahrhundert kursierte in Mitteleuropa der Volksglaube, dass jeder, der bei Mondlicht arbeite, von einer unsichtbaren Hand eine Ohrfeige verpasst zu bekommen oder sogar zu erblinden riskiere. Und bis in die Nacht hinein am Spinnrad zu arbeiten, wie es bei vielen armen Menschen vor der industriellen Revolution üblich war, empfahl sich ebenfalls nicht. Dann würde das Garn nämlich verderben oder – in einer Zuspitzung dieses Aberglaubens – die gesponnenen Fäden würden sich zu einem Seil fügen, das sich später um den Hals eines Verwandten schlingen könne. Wäsche im Mondlicht zu trocknen, lasse den Stoff dünn werden oder giftigen Nachttau aufnehmen. Mondlicht solle auch nicht auf das Ehebett fallen, und Kinder solle man nicht in seinem Schein zeugen, um Fehlgeburten oder die Geburt eines geisteskranken Kindes zu vermeiden. Urinierte man in die Richtung des Mondes, konnte man sich eine üble Augenschwellung zuziehen; übergab man sich in seine Richtung, drohte einem ein Ausschlag im Mund. Selbst im Mondlicht zu tanzen sei, so glaubte man, nicht ohne Risiken, weil die Erdkruste zu diesem Zeitpunkt für besonders dünn gehalten wurde. Man meinte auch, die klopfenden Schritte der Tanzenden könnten besonders leicht Erschütterungen auslösen, die unterirdische Geister anlockten.

Derartige abergläubische Vorstellungen sind auf dem ganzen Globus verbreitet. Dabei verheißt Vollmond meist nichts Gutes. Einer Redensart auf den Philippinen zufolge führt Baden bei Vollmond zu Wahnsinn und bei Neumond geradewegs zum Tod. In Indien gibt es noch heute Ärzte, die Operationen bei zunehmendem Mond vermeiden, weil sie besonders unschöne Narbenbildungen befürchten.

Ein Glaube an okkultes Wissen lässt sich heute in verschiedenen westlichen Gesellschaften beobachten – als habe die Aufklärung nur einen dünnen Vorhang vor die seit Jahrtausenden erzählten Geschichten über den Mond und seine vermuteten Verbindungen mit dem Leben auf der Erde gezogen. Glaubenssysteme jenseits wissenschaftlich abgesicherter Logik und Rationalität begleiten unsere aufgeklärten Gesellschaften seit Langem, schaffen vielleicht sogar ein Gegengewicht zu den von vielen als dramatisch empfundenen Veränderungen durch Wissenschaft und Technologie.

Mondkalender erfreuen sich seit einigen Jahrzehnten neuer Beliebtheit. Sie verkaufen sich millionenfach und versprechen, für alle denkbaren Aktivitäten (vom Fensterputzen bis zur Partnerwahl) den bestmöglichen Zeitpunkt zu benennen – stets unter Berücksichtigung der Mondphase. In vielen wird z.B. die Empfehlung ausgesprochen, das Haar bei Vollmond zu schneiden, wenn es voller wachsen soll; bei Neumond geschnittenes Haar, so die Warnung, könne dagegen schneller als gewollt nachwachsen. Sie folgen einem Bedürfnis nach Orientierung und konkreten Handlungsratschlägen für alle erdenklichen Zusammenhänge. Man begnügt sich damit meist mit dem Hinweis auf »ewiges Wissen« bzw. auf den »weisen und naturverbundenen vorindustriellen Menschen«, wie Helmut Groschwitz in seiner Untersuchung von Mondkalendern anmerkt.

Bisweilen steigert sich die Mondgläubigkeit zu einem regelrechten Kult. Vollmondrituale gibt es bei diversen New-Age-Gruppen oder den New Pagans, die sich als »neue Heiden« begreifen. Ein Beispiel ist die besonders in den USA verbreitete neureligiöse Wicca-Bewegung. Bezeichnenderweise verbinden die Anhänger den Mond in jedem Monat mit einem bestimmten Bild, sie sprechen vom »Sturmmond« des März, dem »Windmond« des April oder dem »Blumenmond« des Mai. Der Ritus um den »magic moon«, den Zaubermond, spielt sich neben einem Altar ab; Kerzen, brennender Weihrauch und spirituelle Musik schaffen dafür den atmosphärischen Rahmen. Im Frühjahr, wenn »die Kälte des Winters vom Versprechen neuen Lebens und Wachstums verdrängt worden ist« und »die Aussicht auf Fruchtbarkeit, Fülle, Wiedergeburt und neues Wachstum« bringt, wird der Altar mit frisch geschnittenen Blumen oder Samenpackungen dekoriert, um die Ankunft des Vollmonds zu feiern. Die Teilnehmer bringen kleine, mit Wasser gefüllte Schalen und bilden einen Kreis. Die Priesterin hält eine Schale gen Himmel, blickt zum Mond und sagt: »Der Mond steht hoch über uns, er spendet Licht in der Dunkelheit. Er beleuchtet unsere Welt, unsere Seele, unseren Geist. Wie die ewig dahinrollenden Gezeiten ist er beständig und zugleich veränderlich. Mit seinen Zyklen bewegt er das Wasser, er ernährt uns und bringt uns Leben. Mit der göttlichen Energie dieses heiligen Elements schaffen wir uns diesen heiligen Ort.« Nun taucht die Priesterin die Blumen in das Wasser, und während sie im Kreis umhergeht, sprenkelt sie Tropfen auf den Boden. Jeder Teilnehmer benetzt seine Stirn mit Wasser und versieht sie mit einem individuellen Symbol, zum Beispiel einem Pentagramm oder einem »triple moon«, einem Vollmond mit zwei Halbmonden an seinen Seiten. Schließlich lauscht man dem, was man für die »Stimme des Mondes« hält, und die Priesterin fügt mit feierlicher Emphase hinzu: »Mögen uns das Licht und die Weisheit des Mondes durch den bevorstehenden Zyklus geleiten.«

Wie kann man ein solches Ritual einordnen und bewerten? Der Wicca-Brauch widerspricht zweifellos allen wissenschaftlichen Grundsätzen, und doch entspricht der Wunsch, eine Verbundenheit mit den Naturkräften zu empfinden, einem tiefen menschlichen Bedürfnis – besonders in einer Welt, deren Kräfte und Mechanismen sich allzu oft unserem Zugriff entziehen.

Blicken wir in die Vergangenheit zurück, so gelangen wir unweigerlich an einen Punkt, an dem Alchemie, Volksglaube und Heilkunde fast nahtlos ineinander übergingen. Der Mond spielte in jedem dieser Gebiete eine Rolle. So war der bekannte Arzt und Begründer des Animalischen Magnetismus Franz Anton Mesmer im 18. Jahrhundert davon überzeugt, dass sich bestimmte psychologische Symptome bei seinen Patienten mit den Mondphasen veränderten. Da er glaubte, dass es »unsichtbare Flüssigkeiten« im Körper gebe, befestigte er Magneten an den Körpern seiner Patienten, um »künstliche Gezeiten« herbeizuführen, von denen er sich eine wundersame Wirkung auf die genannten Flüssigkeiten versprach.

Richard Mead, Arzt im englischen Southwark, scheint ein besonders ausgeprägtes Bewusstsein für die konkurrierenden Theorien seiner Zeit gehabt zu haben. Einerseits hing er der mechanistischen Philosophie Newtons an, andererseits hielt er aber auch an dem Glauben fest, dass der Verlauf von Krankheiten mit den Mondphasen in Verbindung stehe. Entsprechend beklagte er den Verlust an Ehrfurcht gegenüber dem Mond und meinte, man könne »kaum noch glauben, dass der heutige Mond noch derselbe ist, der in alten Tagen schien. Es ist wahr, dass seine Hilfe bei der Navigation in Anspruch genommen wird, aber ansonsten wandert er nur noch zum Zeitvertreib jugendlicher Astronomen um die Erde herum.« Selbst der Naturforscher Erasmus Darwin, der Großvater des Begründers der Evolutionstheorie, für seine hohen Ansprüche an die Wissenschaft bekannt, schrieb in *Zoonomia; or, The Laws of Organic Life* (1794–1796) über die Wirkung von Mond und Sonne auf eine Reihe von Krankheiten und erklärte, dass die Himmelskörper – über längere Zeiträume hinweg betrachtet – Einfluss auf »Wahnsinn, Tollwut, Epilepsie, hysterische Schmerzen oder Schüttelfrost« haben könnten.

Noch vor zweihundert Jahren stellten Ärzte einen Zusammenhang zwischen Fieber und Mond zumindest in der Form her, dass das Fieber parallel zum Mondzyklus »an- und abschwelle«. In tropischen Regionen, wo unter Ärzten lange die Auffassung vorherrschte, die Hitze würde die Körperfasern entspannen, war der Glaube an diese Verbindung besonders virulent. In den britischen Militärkrankenhäusern Indiens und Westindiens waren die behandelnden Ärzte überzeugt, dass der Mond in diesen Breitengraden »eine schädlichere Kraft« besitze, vergleichbar mit den unter Hitze beschleunigten Fäulnisprozessen bei Fleisch und Fisch. Benjamin Moseley, Mitglied des Royal College of Physicians in London, resümierte, dass »alle von mir versorgten Soldaten in den Militärkrankenhäusern Jamaikas mit Durchfällen und periodisch auftretenden Fieberschüben bei lunaren Syzygien [der Konstellation, bei der Voll- bzw. Neumond auftritt] fast immer Rückfälle erlitten«. Moseleys Freund Richard Worseley machte eine ähnliche Beobachtung im östlichen Mittelmeerraum, wo »Haut- und Augenleiden mit der Zunahme und Abnahme des Mondes fluktuieren«. Wenn europäische Ärzte seinerzeit in fremden Erdteilen und Kolonien arbeiteten, eigneten sie sich oft auch die Methoden Einheimischer an, die mit den Kräften von Sonne und Mond selbstverständlicher umzugehen gewohnt waren und diese in ihre Heilmethoden einbezogen.

Krisenzeiten förderten den Glauben an Mondeinflüsse auf die menschliche Gesundheit. Solche Einflüsse waren als hypothetische Erklärung für bedrohliche Phänomene willkommen. So wurde das erstmalige Auftreten einer Cholera-Epidemie in Indien im Jahre 1817 auch mit dem Mond in Verbindung gebracht. Für am gefährlichsten erachtete der dort tätige Chirurg Reginald Orton die Zeit um Neumond und Vollmond oder wenn der Mond der Erde besonders nahe ist, denn seinen Erfahrungen zufolge gab es dann besonders viele durch Cholera bedingte Todesfälle. Orton blieb jedoch mit seiner Hypothese ein Außenseiter: Kollegen in seinem Heimatland Großbritannien hielten seine Beobachtungen und Schlussfolgerungen für wenig stichhaltig.

Dass die Grenze zur Scharlatanerie auch in der Medizin häufig überschritten wurde, zeigt folgendes Beispiel: Das Berlin des ausgehenden 18. Jahrhunderts war ein wichtiges Zentrum der Aufklärung, aber auch der Wirkungsort eines Monddoktors, eines gewissen Herrn Weisleder. Es hieß, er würde Patienten von manchen Krankheiten und körperlichen Behinderungen heilen können – egal, ob es sich um Knochen- und Leistenbrüche, entzündete Augen oder schlechtes

Gehör handelte. Marcus Herz, einer der renommiertesten jüdischen Ärzte der Stadt, zog den Schluss, dass es sich bei diesem zweifelhaften, aber auf geradezu ärgerliche Weise beliebten Menschen um einen Verräter der medizinischen Zunft handeln müsse, und machte sich daran, die verdächtig erscheinenden Praktiken seines Rivalen näher in Augenschein zu nehmen. Ergebnis war ein langer Bericht über seine Beobachtungen, dem er den ironisch gefärbten Titel »Die Wallfahrt zum Monddoktor in Berlin« gab.

Als Herz an einem Sommertag um fünf Uhr zu dem »Aeskulaptempel« kam, fand er Menschen aus der ganzen Stadt vor, die gespannt die Ankunft der »Gottheit« erwarteten. Jeweils zwölf Personen wurden auf einmal vorgelassen, nach Krankheitsbildern vorgruppiert. Ein Assistent nannte die Gebrechen, und mit einem Wink wurde den Kranken bedeutet, einzeln vorzutreten. Doktor Herz gab als teilnehmender Beobachter vor, einen Gichtanfall zu haben. Als der Monddoktor erschien, standen die Kranken einen Moment voller Ehrfurcht still, Herz war nicht besonders beeindruckt: »Wir standen da, unserer zwölf, voller Erwartung und Ehrfurcht, bis auf einen einzigen bejahrten langen hageren Mann mit ausgekämmten Haaren, einem blauen groben Kleide, der ganz ungeniert mit seiner Tabakspfeife in der Stube herumging. Und dies war der Doktor selbst.« Nachdem der Monddoktor das Fenster zum Garten geöffnet hatte, begann er mit der »Behandlung«. Allerdings kamen hier weder Pillen noch Tropfen oder Bandagen zur Anwendung. Er legte zunächst seine Hand auf die kranken, entblößten Gliedmaßen, dann faltete er die Hände, schaute dabei in Richtung Mond und murmelte einige Worte, die zu leise ausgesprochen wurden, um verständlich zu sein. Die Patienten wurden auch angewiesen, den betroffenen Körperteil aus dem Fenster und in Richtung Mond zu strecken. Ein kleiner Junge mit einer Beinverletzung, der nach der Behandlung gefragt wurde, ob er noch dieselben Schmerzen habe, bejahte das – bei ihm war die Suggestion offensichtlich weniger wirksam als bei manchen der erwachsenen Hilfesuchenden. Um den gewünschten Heileffekt zu erzielen, war es angeblich notwendig, so fand Herz heraus, die Prozedur an drei aufeinanderfolgenden Tagen während des ersten Mondviertels zu wiederholen – bei einigen Patienten zog sich diese Behandlung über drei oder vier Monate hin. Weisleder behauptete, Krankheiten geheilt zu haben, an denen andere Ärzte gescheitert waren. Als Beispiel führte er den Fall einer bekannten »Madame N.« an, die nach seiner erfolgreichen Therapie keine Bandage mehr benutzen musste. Immerhin verlangte der Monddoktor keine Bezahlung, manche Patienten gaben seiner Frau aber einen kleinen Betrag. Herz kommentierte die Astralmedizin und die angebliche übernatürliche Heilung mit Sarkasmus. Er fand später heraus, dass Weisleder seine Praxis schließen musste, nachdem einer seiner

Patienten verstorben war und sich auch bei anderen herausgestellt hatte, dass sie einem Schabernack aufgesessen waren.

Immer wieder wurde dem Mond ein unheilvoller Einfluss auf die menschliche Psyche zugesprochen. Im berühmt-berüchtigten Bethlehem Hospital von London wurden Insassen noch bis 1808 während bestimmter Mondphasen angekettet und geschlagen, um ihr zu diesem Zeitpunkt angeblich besonders ausgeprägtes gewalttätiges Verhalten zu unterbinden. Joseph Daquin, ein Schweizer Arzt, der als Pionier auf dem Gebiet der Psychiatrie gilt, war der Meinung, dass die Insassen einer solchen Irrenanstalt unter *lunacy* (im Englischen ein Synonym für Irrsinn) litten, das sich besonders in Vollmondnächten manifestiere. Obwohl seine Beobachtungen heutigen wissenschaftlichen Ansprüchen kaum gerecht werden, dürften sie einen Eindruck widerspiegeln, den offenbar auch andere hatten. Der 1842 in London verabschiedete »Lunacy Act« definierte einen »lunatic«, einen Mondsüchtigen also, als jemanden, »der nach Vollmond von einer Phase der Dummheit heimgesucht wird«.

Dieser Glaube hat auch im Sprachgebrauch Spuren hinterlassen, wie verschiedene indogermanische Sprachen bezeugen: Das deutsche Wort Laune ist etymologisch mit *luna* verwandt und impliziert, dass dieser instabile Gemütszustand mit einer Mondphase korrespondiert. Im Englischen benutzt man für »verrückt« die Begriffe *lunatic* und *loony, moonstruck* für mondsüchtig (*lunatico* im Italienischen, *lunático* im Spanischen). Die italienische Redewendung *avere la luna* (französisch: *avoir des lunes*) bezeichnet eine Person, die besonders anfällig für Stimmungsschwankungen ist.

Eine extreme Form dieses Glaubens ist die in Spielfilmen und fantastischen Romanen verbreitete Vorstellung, Menschen könnten sich bei Vollmond in Werwölfe verwandeln, und zwar, wenn sein Licht in einer Sommernacht direkt auf das Gesicht des Betroffenen fällt. Dieser würde dann aggressives Verhalten entwickeln und auf rohes Fleisch erpicht sein.

Bei allem Wissensfortschritt, der das 19. Jahrhundert kennzeichnete, blieb das Interesse an okkulten Glaubenssystemen lebendig und wurde im Rahmen oft verschwiegener Zirkel weiter gepflegt. Zum Teil wurde der Mond dabei mit bösen Kräften assoziiert. Einige Geheimgesellschaften praktizierten »magische« Rituale, mit denen sie vermuteten, übernatürlichen Kräften zu huldigen.

In Heilsystemen jenseits der westlichen medizinischen Tradition spielt der Mond ebenfalls weiterhin eine wichtige Rolle. Zum Beispiel werden Akupunkturbehandlungen besonders für den Tag vor und nach Vollmond empfohlen. Das Prinzip des Yin in der chinesischen Tradition steht für Erde und Mond, und während des Vollmonds, so glaubt man, befinde sich der menschliche Körper in einem

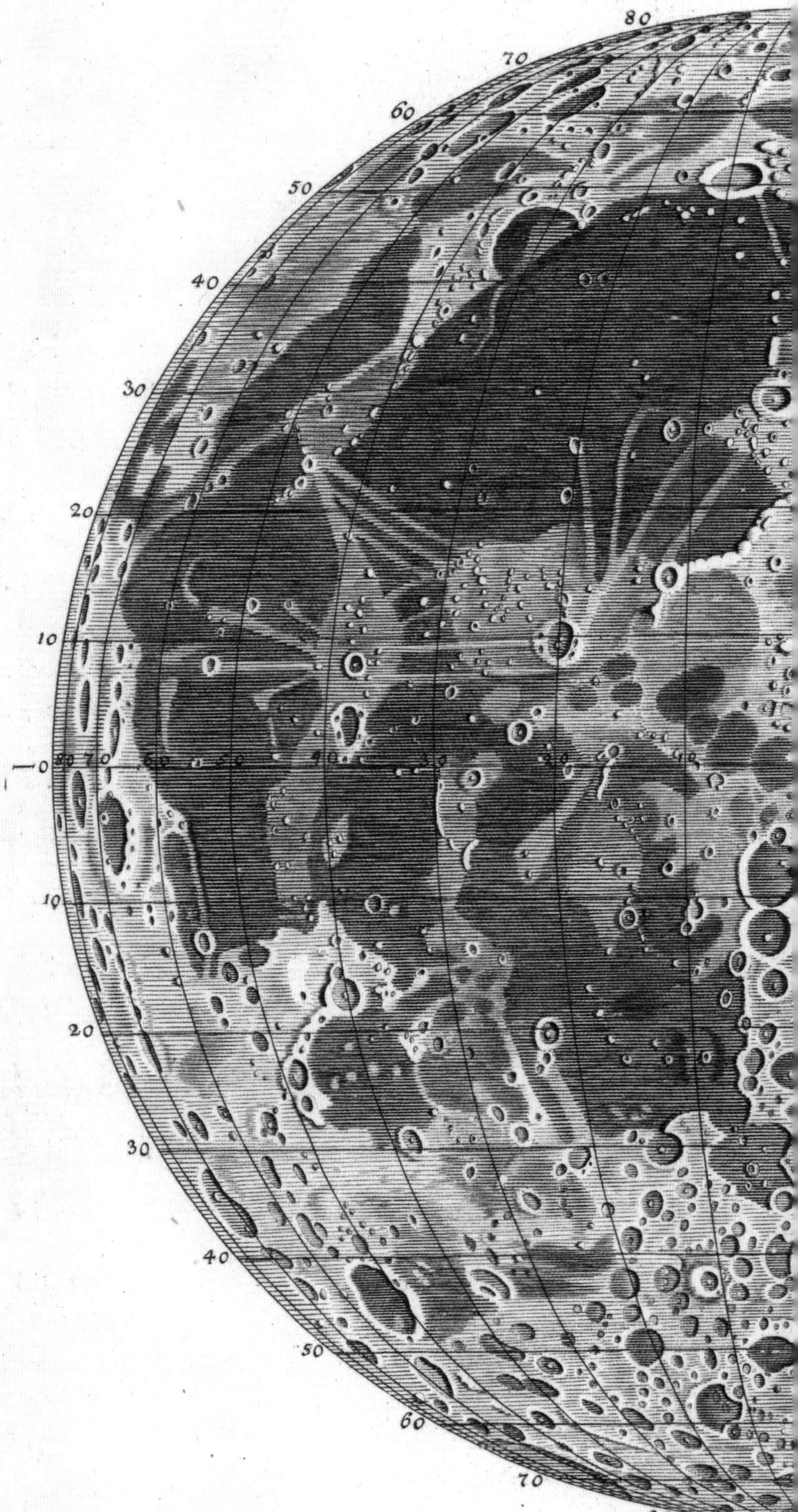
80
70
60
50
40
30
20
10
0
10
20
30
40
50
60
70
80
80 70 60 50 40 30 20 10

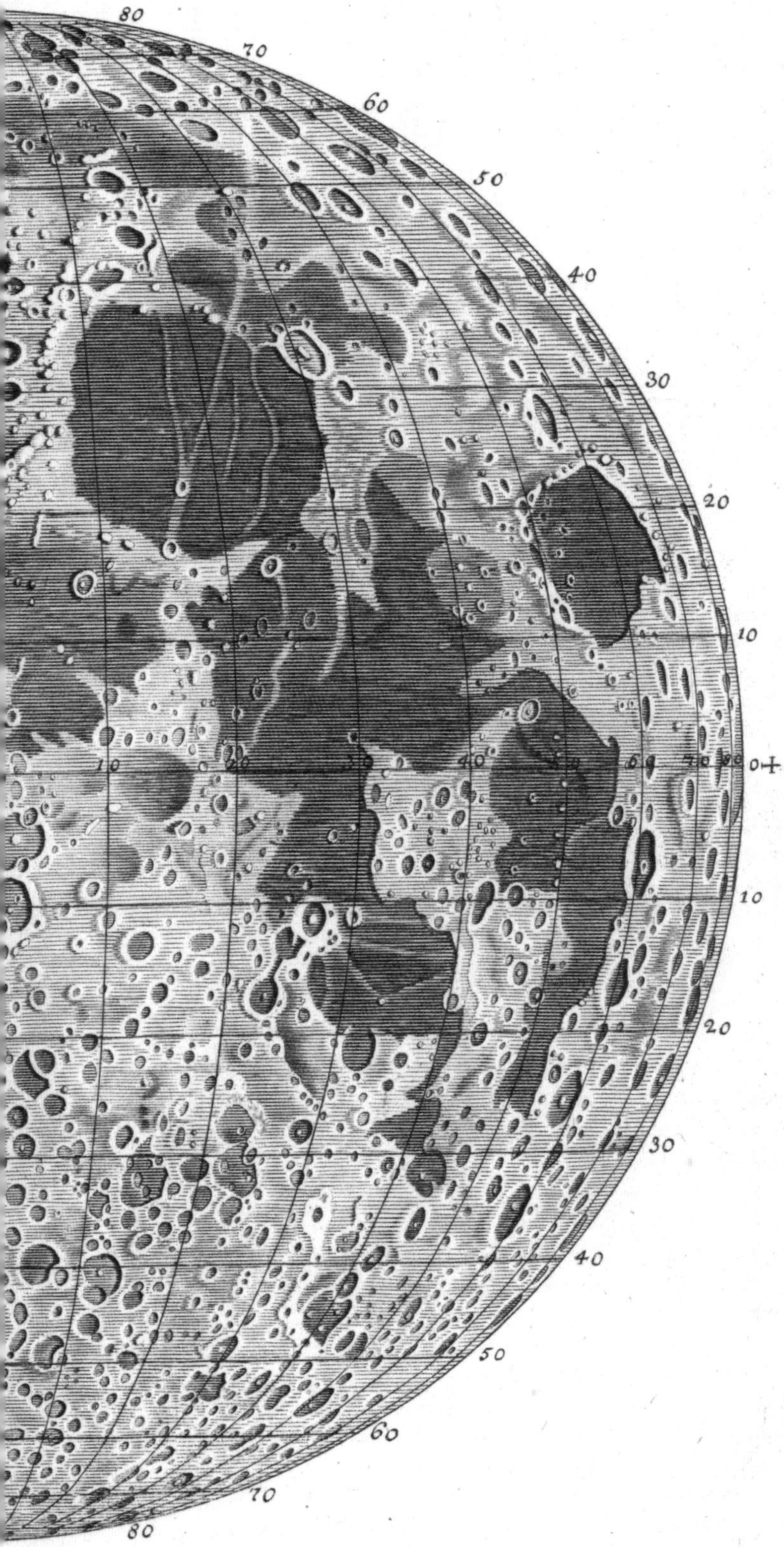
80
70
60
50
40
30
20
10
0
10
20
30
40
50
60
70
80
10
20
30
40
50
60
70
80

Zustand des Überschusses. Um den angestrebten ausgeglichenen Zustand bei den Patienten herstellen zu können, berücksichtigt man bei der Behandlung immer auch die Mondphasen. In einigen Yogatraditionen gelten die Tage des Voll- und Neumonds wegen der starken Energie, die durch die Positionen von Sonne und Erde freigesetzt wird, als Ruhetage, an denen man auf die Übungen besser verzichtet. Da die Energie des Vollmonds als eine sich zugleich ausdehnende und aufsteigende Kraft verstanden wird, fühlen sich Praktizierende eher emotional gesteuert und weniger geerdet, was die Übungen während dieser Mondphasen erschweren würde.

Ayurveda, eine seit Jahrtausenden in Südasien, insbesondere in Indien, praktizierte Heilkunst, wird heute von der Weltgesundheitssituation als hochentwickeltes Medizinsystem anerkannt. Auch hier spielt der Mond eine Rolle; ihren Grundsätzen zufolge verstärken bestimmte Jahreszeiten und Mondphasen die Wirksamkeit von Pflanzen, die man für die Behandlung verschiedener Krankheiten verwendet.

Viele Menschen sind davon überzeugt, dass Vollmond die Tiefschlafphasen beeinträchtigt und sogar die Dauer des Schlafes verkürzen kann. Nun ist bekannt, dass Licht die Aktivitätsmuster während des Schlafs beeinflussen kann; entsprechend hat die Frage der Verbindung von bestimmten Mondphasen und Schlafmustern die Wissenschaft immer wieder beschäftigt. Bei der überwiegenden Zahl dieser Untersuchungen ergaben sich jedoch keine signifikanten Abweichungen, nur wenige Studien liefern gewisse Anhaltspunkte für eine auffällige Korrelation. Eine Studie, die 2006 in einem Schweizer Vorort durchgeführt wurde, einunddreißig Freiwillige umfasste und sich über sechs Wochen mit zwei Vollmonden hinzog, stellte tatsächlich eine Abweichung fest. Martin Röösli und seine Kollegen fanden heraus, dass sich die Schlafdauer mit den Mondphasen veränderte, und zwar von sechs Stunden und einundvierzig Minuten bei Vollmond bis zu sieben Stunden bei Neumond. Es gab zudem Hinweise, dass die subjektiv empfundene Müdigkeit bei einigen Teilnehmern nach einer Vollmondnacht ausgeprägter war. Lässt sich das vielleicht darauf zurückführen, dass sich die Testpersonen über die jeweiligen Mondphasen im Klaren waren? Schliefen sie bei Neumond tatsächlich besser oder verwendeten sie dann nur nicht so viele Gedanken darauf?

Unsere moderne Zivilisation, insbesondere das allgegenwärtige elektrische Licht – oft als »Lichtverschmutzung« bezeichnet – hat bekanntlich den Tagesablauf der Menschen verändert. Bevor Kunstlicht die Nacht quasi zum Tag machte, kam dem Mondlicht eine ungleich wichtigere Rolle zu. Früher kann es tatsächlich für Schlafunterbrechungen verantwortlich gewesen sein – ganz ähnlich wie heute, wenn der Schlaf von einer brennenden Lampe im Zimmer oder einer Straßenlaterne direkt vor dem Fenster gestört wird (die im Übrigen heller scheint als ein Vollmond). Längere Phasen mit Schlafstörungen können das psychische Wohlbefinden erheblich trüben und sogar zu Gesundheitsstörungen führen. Der Verhaltensforscher Charles Raison von der University of Arizona vertritt die interessante Hypothese, dass die Hartnäckigkeit des Glaubens an »die Kraft des Mondes über die Psyche« ein »kulturelles Fossil« sein könnte – »eine Erinnerung an einen nicht mehr wirksamen Effekt«. Und er fügt hinzu: »Vielleicht hatte der Mond einst eine Macht über das Gehirn, das er seitdem verloren hat.« Völlig abwegig klingt diese Idee nicht, denn sie bietet eine Erklärung dafür, warum so viele Menschen unbeirrbar daran festhalten, dass sie bei Vollmond schlechter schlafen.

Ein anderes, oft in Zusammenhang mit dem Vollmond erwähntes Phänomen ist Mondsucht, Somnambulismus: Schlaf- oder Nachtwandeln wird in der englischen Sprache bezeichnenderweise auch *lunatism* genannt. Bei dieser Störung, die meistens während des ersten Drittels des Nachtschlafs auftritt, bleibt der Ruhende gewissermaßen im Schlaf »stecken«. Der Schlafwandler ist nicht völlig bei Bewusstsein, kann trotzdem Routinetätigkeiten wie aufstehen und sich anziehen bewältigen, hat aber am nächsten Tag in der Regel keine Erinnerung mehr daran. In extremeren Ausprägungen des Somnambulismus erhebt sich die betroffene Person aus dem Bett und richtet sich nach Lichtquellen aus. Klischeehaft zeigt man den Schlafwandler auf Illustrationen gerne auf einem Dach bei dem zum Scheitern verurteilten Versuch, dem Mondlicht näher zu kommen. Ein Bezug zwischen Schlafwandeln und Mondphasen konnte jedoch nicht hergestellt werden.

Gibt es andere Mondkräfte, die uns beeinflussen? Ist es denkbar, dass die für die Gezeiten so wichtigen Anziehungskräfte des Mondes eine direkte Wirkung auf uns Menschen haben? Schließlich besteht unser Körper zu mehr als drei Vierteln aus Wasser. Der amerikanische Psychologe Arnold L. Lieber hat einen solchen Einfluss in seinem Buch *Der Mondeffekt* (1978) behauptet. Viele haben ihm später widersprochen, unter anderem mit dem Argument, dass das Wasser im Gewebe des menschlichen Körpers – im Unterschied zu dem der Ozeane – gebunden und dadurch vor den Gezeitenkräften des Mondes geschützt sei.

Eine seit Jahrhunderten verbreitete und noch heute anzutreffende Vorstellung ist, dass Frauen Mondeinflüssen in besonderem Maße ausgesetzt sind. Im Gegensatz zu Männern, die angeblich vernunftorientierter und weniger durch äußere Einflüsse bestimmt sind, wurde Frauen generell eine größere Nähe zur Natur nachgesagt. Ein kurioses Beispiel: Der niederländische Anatom Theodor Kerckring beschrieb im 17. Jahrhundert einmal eine französische »Matrone«, wie er sie nannte, die bei vollem Mond ein schönes und rundes Gesicht hatte, das sich bei abnehmendem Mond aber verformte, wobei sich Augen und Nase dann angeblich auf eine Seite verlagerten. Während dieser ungünstigen Phase soll sie sich nur im Hause aufgehalten und gewartet haben, bis der Mond wieder zunahm.

Spätestens seit dem 18. Jahrhundert hält sich insbesondere die Vorstellung, dass Menstruationszyklus und Mondphasen in enger Verbindung zueinander stehen. In den 1970er-Jahren sorgten Untersuchungen für Aufsehen, die die gleichzeitige Menstruation zusammenlebender Frauen behaupteten; ein überzeugender Zusammenhang mit den Mondphasen konnte allerdings nicht hergestellt werden. Schließlich müssten sonst alle Frauen weltweit zu demselben Zeitpunkt ihre Monatsblutung haben. Auch eine von der Ethnologin Beverly I. Strassmann in den 1990er-Jahren in einem Dorf der Dogon in Mali vorgenommene Untersuchung erbrachte keinen auffälligen Bezug zwischen Mondphase und Menstruation – obwohl die Dorfbewohner dort nicht über elektrisches Licht verfügen und die meisten Nächte im Freien verbringen, wo sie dem Mondlicht ausgesetzt sind.

Der Begriff Menstruation leitet sich von *mensis*, Monat, ab, bezieht sich also tatsächlich auf den Mond. Aber Wortherkunft und Kausalität sind zwei verschiedene Dinge: Obwohl der durchschnittliche Menstruationszyklus, mit einer gewissen Abweichung von Frau zu Frau und auch Monat zu Monat, 28 Tage beträgt, umfasst ein Mondmonat beständig 29,53 Tage – eine kleine, jedoch entscheidende Differenz. Interessant ist der Vergleich mit anderen Säugetieren: Zwar weisen die Sexualzyklen der meisten Primaten eine ähnliche Länge auf wie die menschliche Menstruation – zwischen fünfundzwanzig und fünfunddreißig Tage –, bei Ratten zum Beispiel erstrecken sie sich nur über vier oder fünf Tage, bei Elefanten hingegen über ganze sechzehn Wochen. Die ähnliche Länge von menschlichem Menstruationszyklus und Mondzyklus folgt einem bekannten Prinzip: dem Zufall.

Auch die meisten Untersuchungen über den Zusammenhang von Geburten und Mondphasen bringen keine hieb- und stichfesten Ergebnisse. Eine in North Carolina durchgeführte Studie, die immerhin mehr als eine halbe Million Geburten zwischen 1997 und 2001 einbezog, ergab diesbezüglich keine auffälligen Bezüge. Zu einem etwas anderen Ergebnis kamen jedoch vor einigen Jahren die italienischen Biomathematiker und Gynäkologen Enrico Periti und Roberto Biagiotti. Um nicht in die Fallen ähnlicher, älterer Untersuchungen zu geraten, konzentrierten sie sich zunächst nur auf die spontanen, normal verlaufenden Geburten im Laufe von drei Jahren in einem Krankenhaus in Fano, in der Region Marken. Obwohl sie eine statistisch signifikante Verbindung von Mondphasen und Geburten fanden, bewerteten sie diese als »zu gering, um Vorhersagen für Tage mit der höchsten Anzahl erwarteter Geburten machen zu können«. Aber genau einen solchen Zusammenhang hätte das Krankenhaus gebraucht, um seine Ressourcen zu optimieren.

Ist der – wenn auch minimale – Einfluss von Mondphasen also nur ein Medienhype? Die US-amerikanischen und kanadischen Psychologen Ivan Kelly, James Rotton und Roger Culver analysierten übergreifend mehr als einhundert Untersuchungen über mögliche Mondwirkungen. Es ging dabei neben Selbstmorden auch um Mordfälle, Verkehrsunfälle, Notrufe bei Polizei- und Feuerwehrstationen, Entführungen, Messerstechereien und verschiedene andere Phänomene und Vorfälle. Sie kamen zu dem Ergebnis, dass diese Studien in der Gesamtschau keine verlässliche Beziehung zwischen den jeweiligen Vorkommnissen mit dem Vollmond oder einer anderen Mondphase herstellen. Während ein auch nur vermuteter Zusammenhang zwischen einem bestimmten, einmal auftretenden Phänomen und Vollmond immer für eine Zeitungsmeldung gut ist, werden Studien, die solche Bezüge bestreiten, in den Medien kaum beachtet. Wie auch immer: Ist jemand wirklich von solch einem Zusammenhang überzeugt, auch wenn er statistisch nicht nachzuweisen ist, ist es ratsam, sich nicht mit ihm anzulegen.

Auch der englische Neurowissenschaftler Russell G. Foster und der Futurologe Leon Kreitzman haben Anhaltspunkte dafür gefunden, dass biologische Rhythmen das Leben beeinflussen, geben aber zu bedenken: »Trotz des sich weiter behauptenden Glaubens, dass unsere psychische Gesundheit und eine Vielzahl anderer Verhaltensweisen mit den Mondphasen korrelieren, gibt es keine verlässlichen Anhaltspunkte dafür, dass der Mond unsere Biologie wirklich beeinflussen kann.«

Es würde zu kurz greifen, wissenschaftlich Nachweisbares und tief verwurzelten Volksglauben hämisch gegeneinander auszuspielen. Dass Menschen versuchen, zentrale – und ihrer Handlungsmacht oft entzogene – Lebensgeschehnisse wie Geburt und Tod, Krankheiten und den Menstruationszyklus, aber auch Pflanzen und Saat, von deren Erfolg das Überleben abhängt, in einen erfahrbaren Naturzusammenhang einzubetten und diesen vielleicht positiv zu beeinflussen, leuchtet unmittelbar ein. Die Grenze zwischen dem, was in einer Gesellschaft als rationale, wissenschaftlich erwiesene Wahrheit und was als subjektive Deutung gilt, wird immer wieder neu gezogen – und gehört zu den entscheidenden Bruchlinien, an denen sich das Selbstverständnis einer Gesellschaft manifestiert.

Illusionen und Visionen

Anders sind Seen, Flüsse, Quellen und Meere
In der vom monatlichen Morgenrot beleuchteten Sphäre,
Andere Felder, Berge, Hügel und Ebenen
Sind da von entzückenden Städten umgeben.
Weder Lunas Häuser noch Festungen unbeugsames Steifen
Kann unser menschliches Denken begreifen
Noch der heiteren Haine sorgloser Segen
Und die tanzenden Nymphen, die das Wild frech erlegen.

Ludovico Ariosto, Der Rasende Roland

Mit der Entwicklung leistungsfähiger Teleskope erlebte die kartografische Erfassung des Mondes eine Revolution. Um die Mitte des 19. Jahrhunderts, als Jules Verne seine Mondreisen schrieb, zeigten Mondkarten, bald auch Fotografien den Erdtrabanten in bis dahin nicht gesehenem Detail. Aber das gerade geweckte Interesse des Publikums am Mond verlangte nach mehr, nach einem lebendigen Eindruck davon, wie es auf dem Mond aussieht. Konnte man das noch Unsichtbare und Unbekannte des Mondes zeigen? Wie könnte man den Mond so zeigen, als wäre man ihm ganz nahe oder stünde sogar selbst auf ihm? Illusionen waren notwendig, um das zu erreichen.

Der Schotte James Nasmyth besaß ein besonderes Gefühl für dieses Bedürfnis. Nachdem er mit der Herstellung von Maschinenteilen ein beträchtliches Vermögen angehäuft hatte, verschrieb er sich ganz der Astronomie. In den frühen 1840er-Jahren begann er mit dem Bau detaillierter, dreidimensionaler Gipsmodelle der Mondoberfläche, die er dann fotografierte. Nasmyth konnte dabei auf die Sachkunde seines Vaters Alexander, eines Landschaftsmalers, zurückgreifen. Seine Faszination für den Mond rührte jedoch nicht von langen Beobachtungen hinter dem Teleskop verbrachten Stunden her, sondern von einer Reise zum Vesuv, wo er »in gewisser Weise mit der großen Mannigfaltigkeit des Vulkanismus vertraut wurde, die zu einer unvorstellbar lange zurückliegenden Zeit diese wundervollen Merkmale und Details der Mondoberfläche hervorgebracht hat«. Auf der Spitze des Vesuv stehend, konnte er in den Trichter herabschauen, »aus dem die Dampfwolken nur so emporgespien wurden«.

Das Ergebnis von dreißig Jahren Arbeit war schließlich das 1874 auf Englisch und 1876 auf Deutsch erschienene Buch *Der Mond, betrachtet als Planet, Welt und Trabant*. Nasmyths impressionistische Fotos zeigen einen künstlichen Mond, dessen Oberfläche auf seltsame Weise beleuchtet erscheint. Er bediente sich dafür der aufwendigen Woodburytypie, eines Druckverfahrens, mit dessen Hilfe fotografische Details besonders wirklichkeitsgetreu wiedergegeben werden konnten – heute würde man von einem *special effect* sprechen. Selbst die Zeitschrift *Nature,* damals wie heute als Hüter exakter Wissenschaft bekannt, rühmte das Werk; ein Rezensent lobte die bis dahin für Naturgegenstände unübertroffenen »eindrucksvollen oder wahrheitsgetreuen Darstellungen«.

Kurz bevor Nasmyth sein Buch veröffentlichte, hatte der amerikanische Geistliche Edward Everett Hale im Rahmen zweier in der Zeitschrift *Atlantic Monthly* publizierter Kurzgeschichten die Vorstellung eines ganz und gar künstlichen Mondes entwickelt. Der Backsteinmond, der sechzig Meter im Durchmesser maß, sollte mithilfe von jeweils entgegengesetzt rotierenden Schwungrädern in den Weltraum geschleudert werden. Hales erdachtem Bericht zufolge verfehlt der Satellit nach dem kühnen Startmanöver jedoch die geplante Umlaufbahn und scheint zunächst sogar ganz verloren, aber, siehe da, der seltsame allegorische Mond tauchte später in achttausend Kilometern Höhe auf und war zu diesem Zeitpunkt bereits von einem unabhängigen Volk bewohnt, das ein riesiges Teleskop mit einer Linse aus Eis besaß. Man könnte in diesem seltsamen Mond aus Backstein den frühen Vorläufer einer Raumstation sehen.

In den frühen 1850er-Jahren baute Thomas Dickert in Bonn ein Modell der erdzugewandten Seite des Mondes mit sechs Metern Durchmesser, das zum Teil auf Mädlers Karte beruhte. Es wurde später in die Vereinigten Staaten gebracht, wo an Astronomie interessierte Besucher es zunächst im Chicagoer Field Museum sehen konnten. Noch 1898 schrieb Elias Colbert, Direktor der Dearnborn-Sternwarte in Evanston, in der *Chicago Tribune*: »Eine Untersuchung des Mammut-Mondes aus der Nähe erlaubt mir seine Exaktheit zu bezeugen und dass es sich nicht nur um ein billiges Spektakel handelt. Es gibt die Oberflächenmerkmale mit wunderbarer Detailtreue wieder und zeigt sehr viel mehr Details, als ein ungeübtes Auge durch ein erstklassiges Teleskop erkennen könnte.« Der »Mammut-Mond« war ein Vorläufer der Objekte, die in den Weltraum-Shows auf den Weltausstellungen des 20. Jahrhunderts gezeigt wurden.

Im Jahre 1925 rief der Optiker und Geophysiker Frederick Eugene Wright in Washington, D.C., das »Kommittee zur Untersuchung der physischen Merkmale der Mondoberfläche« ins Leben. Wright, der sich neben dem Mond auch für die Unterwasserlandschaften der Karibik interessierte, wurde oft als »Moon-Man« und »moderner Jules Verne« bezeichnet. Um die Erfassung und Deutung der charakteristischen Mondmerkmale zu erleichtern, projizierte er Negative von Aufnahmen des Mondes auf dreißig Zentimeter große Behälter, die mit Fotoemulsion versehen waren und in einem unterirdischen Tunnel über eine Länge von vierzig Metern aufgereiht wurden. Die »Wright'sche Kugel« ist ein frühes Beispiel für die sogenannte korrigierte Fotografie, bei der es darum ging, Merkmale in ihrer relativen Lage auf dem Globus räumlicher abzubilden.

Im Laufe des 20. Jahrhunderts war es Sache der Illustratoren zu zeigen, wie es auf dem Mond aussehen könnte. Mit dem Aufstieg von Science-Fiction- und populärwissenschaftlichen Zeitschriften wie *Science Wonder Stories* seit den 1920er-Jahren wurden immer häufiger Szenen aus dem Weltraum gezeigt; ein Trend, der sich mit unterschiedlichen Darstellungsstilen bis in die 1950er- und 1960er-Jahre hinein fortsetzte, dem goldenen Zeitalter der Weltraumbegeisterung. Vielen gilt der Amerikaner Chesley Bonestell, dessen Arbeiten zuerst 1944 in der Zeitschrift *Life* erschienen, als Vater der Weltraumzeichnung, doch Künstler wie Lucien Rudaux aus Frankreich, Klaus Bürgle aus Deutschland und der amerikanische Illustrator Fred Freeman lieferten ebenfalls wegweisende und fantasievolle Beispiele.

Die Künstler arbeiteten zusammen mit Autoren, deren Texte die Abbildungen ergänzten oder umgekehrt. Obwohl die Planeten, allen voran der Mars, immer mehr Aufmerksamkeit auf sich zogen, griffen Science-Fiction-Autoren weiterhin auf das Mondthema zurück, wobei sich seit der Wende zum 20. Jahrhundert ein grundsätzlicher Wandel hin zu düsteren, dystopischen Szenarien erkennen lässt. Die populäre Vorstellung schien nun kaum noch anderes zuzulassen.

In dem Buch *Die ersten Menschen auf dem Mond* (1901) des englischen Schriftstellers Herbert George Wells ist der Erdtrabant ein alternder, löchriger Körper, der von großen, miteinander verbundenen Höhlen durchsetzt ist. Das Innere des Mondes ist voller Luft und birgt die Siedlungen beunruhigender Wesen, die sich nur gelegentlich an die Oberfläche wagen. Die beiden englischen Reisenden, die von der Erde in einer Hohlkugel aus »Cavorit« abgeschossen werden, einem Material, das gegen die Schwerkraft immunisiert, erleben eine dramatische Landung. Ihr Raumfahrzeug rollt in den Abgrund eines Mondkraters, und sie werden von ameisenartigen Lebewesen gefangen genommen – einer dem Untergang geweihten Spezies mit ballonförmigen Köpfen und verkümmerten Gliedmaßen. Die von düsterer Stimmung durchzogene Geschichte endet damit, dass es einem der Reisenden gelingt, zu fliehen und zur Erde zurückzukehren.

Bald gerieten die Science-Fiction-Texte in den Sog der bewegten Bilder. Georges Méliès, ein französischer Schauspieler, Theaterbesitzer, Produzent und Regisseur, wurde zur führenden Figur in der neuen französischen Filmindustrie. Sein lediglich vierzehn Minuten langer Film *Die Reise zum Mond* (1902) basiert auf den Romanen von Jules Verne und H. G. Wells. Die von dem langhaarigen, von Méliès selbst gespielten Professor Barbenfouillis gesteuerte Rakete landet im Auge des Mondes,

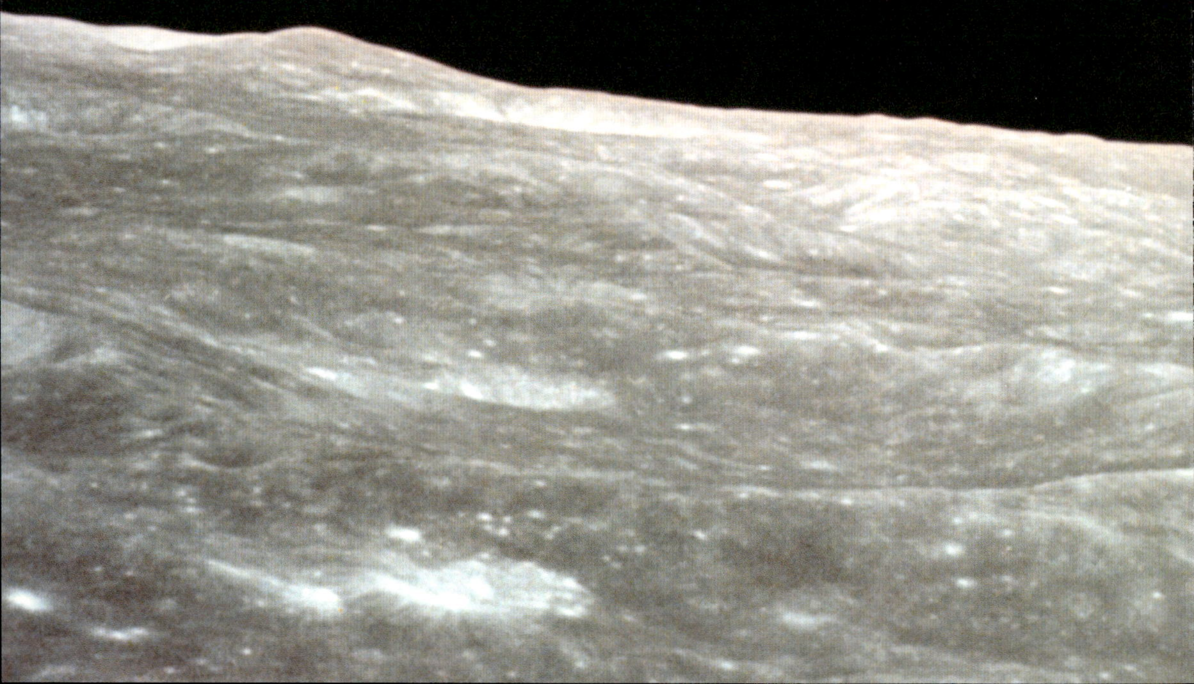

und die Besucher werden von einer Explosion unbekannter Ursache auf den Boden geworfen. Sie richten sich für die Nacht ein, bis Schneefall sie weckt. Als sie sich in eine Höhle unter der Oberfläche zurückziehen, entdecken sie ungewöhnlich geformte Felsformationen, Wasserfälle und Riesenpilze. Wie sich herausstellt, handelt es sich um ein von überaus angriffslustigen Wesen bewohntes Königreich. Als der bedrängte Barbenfouillis eine der Kreaturen mit der Spitze seines Regenschirms trifft, löst sie sich in einer Rauchwolke auf. Doch als immer mehr Seleniten auftauchen, werden die Besucher überwältigt, gefangen genommen und dem König vorgeführt. Es gelingt ihnen jedoch, sich wieder zu befreien und sogar den König zu besiegen. Sie fliehen zu ihrer an einer Klippe hängenden Rakete. Durch das Gewicht der Passagiere kippt sie über den Rand und fällt Richtung Erde, wo sie sicher auf einem Ozean landet. Aus heutiger Sicht ist *Die Reise zum Mond* mit ihren statisch wirkenden Bühnenbildern überaus schlicht gemacht; als filmisches Märchen mit den notwendigerweise begrenzten Möglichkeiten seiner Entstehungszeit entfaltet es jedoch immer noch seinen Reiz.

Während Méliès' Film das Thema »Mondflug« mit sicherem Instinkt bediente und das Publikum vieler Länder in seinen Bann zog, kombinierte man dieselbe Idee in New York mit Panoramen und Bewegung zu einer »elektro-szenischen mechanischen Illusion«. Eine Mondreise mitten in der Jahrmarktatmosphäre des Lunar Park von Coney Island – direkt an der Atlantikküste –begann mit dem Betreten des zigarrenförmigen, hell erleuchteten Raumschiffs *Luna IV,* das sich vor- und zurückbewegt, während seine großen, fledermausartigen Flügel heftig schwingen. Im Hintergrund vorbeischwebende künstliche Fassaden sowie Ventilatoren vermitteln den virtuell Reisenden die Illusion einer rasenden Fahrt: zunächst von Manhattan zu den Niagarafällen und dann immer weiter hinauf bis in den Himmel. Als das Reiseziel in Sicht kommt, als handle es sich dabei um ein Zeichen von Vorfreude, legt der Flügelschlag an Tempo zu. Oberhalb der Mondoberfläche gerät das Schiff in ein Unwetter und landet um Haaresbreite in einem erloschenen Vulkan. Die Reisenden können aussteigen und die felsartige Landschaft mit ihrer merkwürdigen, an Pilze erinnernden Vegetation inspizieren. Und schon zeigen sich zwergenhafte Mondmenschen mit Stachelreihen auf dem Rücken, die sich der Besucher annehmen und sie vorsichtig durch Höhlen voller Stalaktiten und Schluchten, über die spinnwebartige Brücken gespannt sind, geleiten, während sie »My Sweetheart's the Man in the Moon« singen. Als sie den fantastischen Palast des Selenitenkönigs erreichen, führen Mondmädchen den staunenden Besuchern einen kleinen Tanz vor, und auch die Happen von grünem Käse fehlen nicht. Am Ende des Spektakels verlassen die Besucher den Schauplatz durch das Maul eines Mondkalbs und finden sich im gleißenden Tageslicht wieder.

Mondfiktionen in Spielfilmen nahmen sich im Vergleich dazu beinahe zurückhaltend aus, meistens jedenfalls. Sie hatten immer zum Mond reisende Menschen zum Thema. Die bekannteste unter diesen frühen Produktionen war *Frau im Mond* (1929) von Fritz Lang, der zwei Jahre zuvor mit *Metropolis* selbst einen Maßstab für düstere Zukunftsvisionen gesetzt hatte. Der Film, der auf einem Roman seiner damaligen Frau Thea von Harbou basiert, verband Melodramatik mit wissenschaftlicher Spekulation. Als Berater heuerte Lang den Physiker und Raketenpionier Hermann Oberth an, der später auch mit Wernher von Braun kooperieren sollte. Wolf Helius und sein Assistent Hans Windegger, Enthusiasten der Weltraumfahrt, tun sich im Film mit einem gewissen Professor Manfeldt zusammen, der auf der Rückseite des Mondes Wasser, Sauerstoff und Gold zu finden erwartet. Ein weiteres Mitglied der Gruppe ist Friede, Wolfs frühere Freundin und nun Verlobte von Hans. Die Geschichte wird als Krimi angelegt: Mit der Absicht, das Vorhaben gezielter auf wirtschaftliche Interessen auszurichten, wird Helius erpresst, den verbrecherischen Walt Turner mit an Bord zu nehmen. Nach der Ankunft auf dem Mond kommt es zu einem Eifersuchtsdrama, tödlichen Unfällen und weiteren Verwicklungen.

Das Erstaunliche an dem Film ist, dass sowohl der aufwendig in Szene gesetzte Raketenstart als auch der in der Schwerelosigkeit erfolgende Flug mit dem Abspalten der Kapsel dem »echten« vierzig Jahre später schon recht nahe kommt. Einer der faszinierendsten Momente des Films ist die Umrundung des Mondes mit dem Raumschiff. Als die Mondoberfläche vorbeizieht, zeigt sich deutlich die vergleichsweise stärkere Krümmung des viel kleineren Satelliten. Unlogisch ist allerdings, dass die Reisenden, einmal auf dem Mond angekommen, problemlos atmen können. Albert Einstein zählte zu den Gästen der Premiere. Langs letzter Stummfilm wurde von der Presse begeistert aufgenommen als »ein Wunder, das Wirklichkeit wird«.

Um die künstliche Mondlandschaft zu gestalten, wurden vierzig Wagenladungen Ostseesand in die Filmstudios von Babelsberg verfrachtet. Der Film trug dazu bei, die weitgehend unter dem Ausschluss der Öffentlichkeit betriebene Raketentechnik bekannt zu machen Und noch in einem anderen Punkt sollte sich Langs Einfluss später in der Raumfahrt bemerkbar machen: Er führte die Zählweise für den Countdown ein, indem er rückwärts von zehn bis eins zählte (im Film durch entsprechende Tafeln veranschaulicht), auf das er ein »Jetzt« folgen ließ. Lang war, wie er einmal erklärte, klar geworden, dass das Publikum kein Gefühl für den Startzeitpunkt bekäme, wenn er einfach vorwärts zählte. Der Film wurde später von den Nationalsozialisten verboten, wohl auch, weil die im Film gezeigte Rakete der bald darauf in Peenemünde entwickelten ähnlich war.

USA
NASA
Challenger

Auf der von fünfundvierzig Millionen Menschen besuchten New Yorker Weltausstellung von 1939/1940 wurde noch das Fliegen als Höhepunkt des technologischen Fortschritts inszeniert. Die »World of Tomorrow« simulierte eine von einem Flugzeug betrachtete amerikanische Landschaft, wie man sich diese für das Jahr 1960 vorstellte, und »Rocketport of the Future« sah einen Flug von New York nach London voraus, der nur eine Stunde dauern sollte. Alles in allem wurden räumliche und zeitliche Grenzen bei solchen noch imaginären Projekten wie niemals zuvor außer Kraft gesetzt, aber der Mond galt noch als zu weit entfernt. Während es vorerst nur um den zivilen Nutzen künftiger Flugtechnologie ging, konkretisierten sich parallel dazu und mehr im Hintergrund auch die militärischen Möglichkeiten. Die Weltausstellung von 1962, diesmal in Seattle, präsentierte dann eine Schau der NASA über Raketen, Satelliten und Weltraumflug.

Das Bild hatte sich allerdings schon kurz nach dem Ende des Zweiten Weltkriegs gewandelt, als man im anbrechenden Atomzeitalter den Weltraum zum strategisch wichtigen Thema erklärte. Bald avancierte der Mond zum Objekt des Zeitgeistes. Im September 1946, ein Jahr nach dem Zünden der Atombomben in Japan, brachte die Zeitschrift *Collier's* einen Artikel des Raketenforschers George E. Pendray über die Kolonisierung des Mondes. Ohne weitere Fakten beizusteuern, warnte er: »Raketen, die nur wenig schneller als die deutschen V-2s sind, könnten die Erde vom Mond aus angreifen. Mithilfe einer geeigneten Führungsvorrichtung sind solche Raketen in der Lage, jede Stadt der Erde zu zerstören. Umgekehrt würde der Gegenangriff von der Erde Raketen viel größerer Stärke erfordern, um denselben Grad der Zerstörung zu erreichen. Und sie müssten auch unter ungünstigeren Bedingungen abgeschossen werden, um ein kleines Ziel wie die Mondsiedlung treffen zu können. Was die Hoheitsrechte anbetrifft, könnte die Kontrolle über den Mond in der interplanetaren Welt der atomaren Zukunft auch die militärische Beherrschung unseres gesamten Teils des Sonnensystems bedeuten.« Obwohl es sich um bloße Spekulationen handelte, dürften auch viele Leser der Meinung gewesen sein, dass sich der Mond im Falle eines Atomkriegs geradezu ideal als Festung und Militärstützpunkt eignen würde. Um der Warnung noch mehr Nachdruck zu verleihen, propagierte *Collier's* in einem Artikel im Oktober 1948 sogar einen »Raketenblitzkrieg vom Mond«. Abbildungen zeigen bedrohlich aus Mondkratern ragende Raketen und wie sich Feuerkugeln infolge der Nuklearangriffe über New York City ausbreiten.

Das interplanetarische Epos *Destination Moon* (1950) von George Pal war der erste Spielfilm, der das Thema einer Mondreise ernsthaft anging. Er stellte sie als »die größte Herausforderung für die amerikanische Industrie« dar. Der Plot ist einfach gestrickt, wenig spannungsgeladen, die Dialoge klingen hölzern, dennoch bietet der Film mit seinem rationalen, auf den wissenschaftlichen Erkenntnissen der Zeit beruhendem Ansatz etwas bis dahin Unbekanntes. Teile haben den Charakter eines Lehrfilms: Sie erklären die Grundlagen der Raketentechnik, die Auswirkung der Gravitation zwischen Erde und Mond und die Logistik, um »von diesem Stück Käse« wieder abheben zu können. Die Astronauten starten aus der Wüste New Mexicos und leiden während des Flugs unter starken Schmerzen und Raumkrankheit, ihre Gesichter sind verzerrt. Der Film ist auch ein Dokument des Kalten Krieges: Von der Furcht getrieben, dass andere Mächte einen solchen Flug vorbereiten und die USA aus dem Weltall angreifen könnten, wird der »Wettlauf« für eröffnet erklärt.

Auf andere Weise wunderlich war die Darstellung der Mondbewohner in Arthur Hiltons *Cat-Women of the Moon* (1953), einem ursprünglich in 3D gedrehten Low-Budget-Science-Fiction-Film über eine Mondexpedition, die eine Gruppe von Frauen in einer Höhle vorfindet, in der noch ein Rest Atmosphäre verblieben ist. Die widerspenstigen Katzenfrauen waren die letzten Überlebenden einer menschlichen Zivilisation, in der es seit Jahrhunderten keine Männer mehr gegeben hat (wie die Fortpflanzung funktionierte, wird leider nicht erklärt). Die Handlung drehte sich um den Versuch der Frauen, das Raumschiff zu stehlen und sich auf den Weg zur Erde zu machen, womit sie jedoch scheiterten. Die Werbung pries den Film hochtrabend als »verblüffendsten Film des Jahrhunderts« an.

Ein paar Jahre nach den früheren, von Hysterie getriebenen Vorschlägen für die Umwandlung des Mondes in eine Militärbasis wurde die amerikanische Zeitschrift *Collier's* ab 1952 zu einem Sprachrohr für Weltraumfahrten, die als geradezu zwingende Unternehmen propagiert wurden. In einer spektakulären und einflussreichen Serie von Artikeln wurde auch eine erfolgreiche bemannte Mission zum Mond innerhalb von fünfundzwanzig Jahren vorausgesagt. Wernher von Braun ging davon aus, dass drei Raketenstufen notwendig sein würden, um in den Weltraum zu gelangen, und die Crew mindestens fünfzig Personen umfassen müsse. Das geplante Transportmittel mit seinen verschiedenen Flüssigkeitstanks, thermischen Isolationsschildern und einem Landegestell wirkte recht klobig; ein stromlinienförmiges Gefährt wurde für den Flug durch den luftleeren Raum als nicht notwendig erachtet. *Collier's* Artikel sprachen sich leidenschaftlich für wissenschaftliche Experimente auf dem Mond aus. So sollten absichtlich herbeigeführte Mondbeben Rückschlüsse auf die innere Zusammensetzung des Himmelskörpers erlauben.

Auch in den Vergnügungsparks orientierte man sich bei der Inszenierung von Mondflügen nun stärker an den tatsächlichen Möglichkeiten. Niedliche Mondzwerge suchte man vergeblich. Disneyland kooperierte für seine Attraktion eines simulierten Raketenflugs zum Mond 1955 mit Trans World Airlines, und Wernher von Braun stand dabei beratend zur Seite. Es spielte sich wie folgt ab: Nachdem sie den »Weltraumhafen« betreten und einen fünfzehnminütigen Informationsfilm über Raketenflüge gesehen hatten, begaben sich die hundertzwei »Mondfahrer« in einen Vorführraum mit kreisförmig angeordneten Sitzreihen. Die allmähliche Annäherung an den Mond konnte mithilfe von Scannern, die in den Boden und die Decke integriert waren, verfolgt werden. Geräuscheffekte und Vibrationen simulierten das Gefühl einer tatsächlichen Reise durch den Raum. Nachdem sie die Küste Südkaliforniens hinter sich gelassen und die Schallmauer durchbrochen hatten, ebbte der Lärm ab. TWA-Pilot Collins informierte die Passagiere nun, dass sie sich inzwischen zweihunderttausend Kilometer von der Erde entfernt befanden. Um zu verhindern, dass das Raumschiff nun ohne Ende in den Weltraum weiterflog, musste der Pilot die Schubkraft umkehren. Er erreichte dies mit einem Überschlag, einem Purzelbaum. Ein Schwesterraumschiff, das sich auf dem Rückflug zur Erde befand, vollführte gerade dasselbe Manöver. Höhepunkt der Reise war ein Blick auf die Mondoberfläche, der von den Erklärungen der wichtigsten Berge und Täler durch den Piloten begleitet wurde. Der Abwurf einiger Fackeln erlaubte einen kurzen Blick auf die »dunkle« Mondseite. Nachdem das Raumschiff abermals einen Purzelbaum vollzogen hatte, kehrte es zur Erde zurück. »Eine Achthunderttausend-Kilometer-Reise innerhalb von einer Viertelstunde, ein Vorgeschmack auf die Welt der Zukunft in Tomorrowland«, lautete der Werbeslogan der Attraktion.

Auch wenn die Vorstellung ständiger menschlicher Siedlungen auf dem Mond in den 1950er-Jahren noch wenig plausibel erschien, schenkten Autoren dem Gedanken erhebliche Aufmerksamkeit und verarbeiteten dafür alle verfügbaren wissenschaftlichen Informationen. Arthur C. Clarke machte die Errichtung einer solchen Siedlung in *Vorstoß ins All* (1954, deutsch 1956) von der Entwicklung nuklearer Energiequellen abhängig. Ein Jahr vor der Mondlandung spekulierte der exzentrische Clarke mit erfrischendem, wenn auch aus heutiger Sicht kaum noch nachvollziehbarem Optimismus in *Unsere Zukunft im Weltall* (1968, deutsch 1969), dass der ganze Mond bewohnbar gemacht werden könne. Da sich seiner Meinung nach »die gewagtesten Prophezeiungen als geradezu lächerlich konservativ herausstellen«, war er überzeugt, dass das, »was die menschliche Rasse in den kommenden Jahrhunderten mit dem Mond anstellen werde, ebenso jenseits unserer Vorstellungskraft liege, wie es die Zukunft des amerikanischen Kontinents seinerzeit für Kolumbus gewesen war«. Er sah im Mond »einen virtuellen Rosettastein, der uns, richtig gelesen, erlauben könnte herauszufinden, wie das Sonnensystem, die Erde und die Kontinente, auf denen wir leben, erschaffen wurden«. Clarke vermutete auch, dass eine Mondreise bis zum Jahr 2020 eine

reale Möglichkeit für jeden sein würde, der das beabsichtigte – »vielleicht um Enkel zu sehen, die unter Bedingungen lunarer Schwerkraft geboren wurden, nicht zur Erde kommen können oder kein Interesse daran haben. Die Erde könnte ihnen als ein lauter, überfüllter, gefährlicher und vor allem schmutziger Ort erscheinen.« Clarke stellte sich außerdem »aufrichtige Bürgergruppen« vor, die weitere 150 Jahre in die Zukunft gerechnet, »verbissen für den Erhalt der letzten unberührten Überbleibsel der Mondwildnis kämpfen«. Womöglich wird Clarke mit diesem letzten Punkt tatsächlich recht behalten.

Fantastische Pläne für Siedlungen auf dem Mond beschränkten sich nicht auf die Vereinigten Staaten. In der zweiten Hälfte der 1950er-Jahre verkündeten die Sowjets ihre Absicht, auf dem Mond Städte mit künstlichen Atmosphären zu bauen, um die Voraussetzungen für menschliches Leben zu schaffen. Die erste sogenannte Rote Stadt sollte in einem Mondkrater unter einer Glaskuppel errichtet werden. Technisch ausgefeilte Aluminiumtüren würden eine Luftschleuse bilden, und das Innere der Stadt würde durch Glasmauern mit doppelten Türen unterteilt werden müssen, um die Gefahr von Schäden bei Meteoritenhagel zu begrenzen. Man ging davon aus, dass die sowjetischen Mondsiedlungen unabhängig existieren könnten, mit selbst gezogenen Pflanzen, von denen man meinte, sie würden wegen des Schwerkraftunterschieds völlig anders aussehen: »Ein Rettich wird so hoch wachsen wie auf der Erde eine Dattelpalme«, sagte Nikolai A. Warwarow, der Chef der Astronautikabteilung der russischen Zivilverteidigungsorganisation, und »Zwiebeln werden zehn Meter lange Triebe entwickeln.« Doch warum das alles? Was sollte der Nutzen dieser botanischen Spielereien sein? Vielfach blieb unklar, was genau man eigentlich auf dem neuen Schauplatz suchte. Da Mars und Venus als nächste Ziele ins Visier genommen wurden und der Mond bloß als Durchgangsstation galt, sah man die Siedlungen als Basen zum Bau von Raumschiffen und für die Produktion von Treibstoff. Anatoli Blagonrawow von der Akademie der Wissenschaften der Sowjetunion meinte, dass »das Hissen irgendeiner Nationalflagge nicht das wichtigste Ziel sein sollte«. Man hatte auch vor, den Mond zum achten Kontinent der Erde zu erklären.

Interessant in diesem Zusammenhang sind die bizarr klingenden Spekulationen des Wissenschaftsjournalisten Fred Warshofsky, die exemplarisch für eine Vielzahl von optimistischen, aber häufig doch etwas hilflos wirkenden Zukunftsvisionen in dieser Zeit stehen. In seinem Buch *The 21st Century: The New Age of Exploration* (1969, Das 21. Jahrhundert: Das neue Zeitalter der Erkundung) führte er aus, wie der Mond für die Menschheit nutzbar gemacht werden kann. Ein Vorschlag bestand in der Züchtung von Algen unter Einsatz von intensivem Sonnenlicht und menschlichen Fäkalien. Mit den Algen sollten dann Hühner gefüttert werden, die ihrerseits als Nahrung für die in der Mondkolonie lebenden Menschen dienen könnten. Unter der Bedingung verminderter Schwerkraft würden, so die Vorstellung des Autors, Früchte und Gemüse schneller heranreifen und größer werden als auf der Erde.

Aber wie konnte man in einem Vakuum eine mit atembarer Luft gefüllte Anlage gegen Leckstellen sichern? Ingenieure der General Electric Company entwickelten den kühnen Plan, mithilfe von nuklearen Sprengstoffen eine große Kammer unter der Mondoberfläche zu schaffen, die nach radioaktiver Dekontaminierung mit einer dicken Plastikmembran abgedichtet werden sollte, bevor man sie schließlich mit Luft füllte – ein Vorhaben, das übrigens auf Sprengexperimenten mit Bimsstein basierte, das man für mit Mondgestein vergleichbar hielt. Der am California Institute of Technology arbeitende Astrophysiker Fritz Zwicky hatte sogar eine Idee, wie man auf dem Mond eine Atmosphäre bilden könnte: Man müsse die Masse des Mondes erhöhen, entweder indem man zusätzlich Materie von der Erde auf den Mond transportiert oder mittels Atomexplosionen Teile des Mondes quasi zum Schmelzen bringt und verdichtet, die Berge kappt und auf diese Weise seinen Durchmesser halbiert, ohne dass der Mond insgesamt an Masse verliere. Mit der Verminderung der Oberfläche würde, diesem brachialen Szenario zufolge, die Schwerkraft derart zunehmen, dass Kohlendioxid an den Himmelskörper und in einer Atmosphäre gebunden werden könnte.

In einem anderen Szenario schlug Zwicky sogar noch eine Steigerung vor: Er empfahl, »to shoot the moon«, den Mond kurzerhand zu erschießen und die Konsequenzen dieses absurden Kommandos von der Erde aus zu verfolgen. Das Ganze lief unter dem Stichwort »experimenteller Astronomie«, einer möglichen revolutionären Antwort auf die Geschichte der Menschen als lediglich passive Beobachter, die damit ein für allemal ihre Handlungsfähigkeit im Weltall beweisen sollten. Die technische Machbarkeit einmal dahingestellt, können wir uns glücklich schätzen, dass dieser Plan nicht realisiert in der Schublade verschwand.

Ein lange geheim gehaltenes Militärszenario war von diesen Ideen gar nicht so weit entfernt. 1958 sondierte die U.S. Air Force die Möglichkeit, auf dem Mond eine Atomexplosion mindestens von der Dimension derjenigen in Hiroshima auszulösen. Die damit verknüpfte Absicht war, militärische Stärke mithilfe eines Atompilzes zu demonstrieren, der so groß sein würde, dass man ihn von der Erde aus sehen könnte. Leonard Reiffel, der verantwortliche Physiker, erklärte, dass die Bombe am Mondrand explodieren sollte, damit der Atompilz von der Sonne beleuchtet werde. Reiffel holte sogar die Expertise des amerikanischen Wissenschaftlers Carl Sagan ein, um sich eine bessere Vorstellung davon zu machen, wie sich die Wolke im Raum um den Mond herum ausdehnen würde. Dass eine solche

Explosion die zukünftige Forschung beeinträchtigen könnte, schien die Air Force nicht weiter zu kümmern, der PR-Triumph allein rechtfertigte die Mittel. Obwohl einige Details des Projekts »A119« bis heute unbekannt und einige Dokumente noch immer nicht zugänglich sind, bestätigte Reiffel im Jahr 2000, dass es mit Interkontinentalraketen »sicherlich technisch machbar« gewesen wäre.

Szenarien wie dieses führen uns vor Augen, wie schmal die Trennlinie zwischen Fakten und Fiktion bei allen mit dem Weltraum verknüpften Fragen stets gewesen ist – so schmal, dass aus utopisch wirkender Science-Fiction hin und wieder Realität werden konnte –, wenn auch die Möglichkeiten dazu in der Regel überschätzt wurden. Fiktionale Vorstellungen über Leben auf dem Mond drifteten allerdings allzu gerne immer wieder ins Absurde oder Groteske ab. Zu der Zeit, als die Vorbereitung des Apollo-Programms in vollem Gange war, schrieb der amerikanische Autor Robert A. Heinlein *Der Mond ist eine herbe Geliebte* (1966). In diesem Roman befinden sich die Zwangsarbeiter einer Strafkolonie auf dem Mond in Aufruhr gegen die Erde, um ihre Unabhängigkeit zu erreichen. Die Mondgesellschaft von 2075 wird auf eine Weise charakterisiert, die vermutlich noch den abgebrühtesten Ethnologen überraschen könnte: Die Menschen sind durch Gruppenehen miteinander verbunden, Morde werden nicht verfolgt, doch die Beleidigung von Frauen wird sogar mit dem Tod bestraft. Die Sprache der »Loonies« ist ein vereinfachtes Englisch mit deutlichem Einfluss russischer Grammatikstrukturen. Von der Erde aus wird eine gnadenlose Ausbeutung der Mondressourcen betrieben, welche die Kolonie mit Hungersnot und sogar Zusammenbruch bedroht. Aber es gelingt ihren Bewohnern, sich gegen die Unterdrücker zu wehren, indem sie einen für die Steuerung von Versorgungsleitungen und Frachtkatapulten geschaffenen Computer für ihre Zwecke umfunktionieren. Schließlich zwingen sie die Erde, sie für ihre Getreidelieferungen zu entschädigen.

Kein Versuch, die Rolle des Mondes in der Vorstellungswelt der Gegenwart zu umreißen, kommt an Stanley Kubricks Film *2001: Odyssee im Weltraum* (1968) vorbei, der auf einer Kurzgeschichte von Arthur C. Clarke basierte und nur fünfzehn Monate vor der ersten Mondlandung in die Kinos kam. Als spekulative Reflexion über außerirdisches Leben und den Einfluss von Weltraumtechnologie auf die Zukunft der Menschheit zeigte er bis dahin unbekannte und noch heute faszinierende Spezialeffekte. Zuweilen als Kritik moderner Technik verstanden, wurde der Film aber auch als Versuch interpretiert, der Weltraumeuphorie jener Zeit eine tiefere, spirituelle Dimension zu verleihen. Im Zentrum des Films stand ein unter der Mondoberfläche vergrabener Monolith, ein vier Millionen Jahre alter schwarzer Quader, der ein starkes magnetisches Feld generiert und von dem man vermutete, dass er vor langer Zeit von einer bislang unbekannten Zivilisation geschaffen wurde. Er schien mit anderen Monolithen in Verbindung zu stehen, die sich auf der Erde und im All befanden.

Auch das auslaufende 20. Jahrhundert führte nicht wieder zurück zu den optimistischeren Mondvisionen früherer Zeiten. In Stanisław Lems Roman *Der Flop* (1987) wurde dem Mond die Rolle einer eigenartigen Deponie zugeschrieben. Um der menschlichen Selbstzerstörung auf der Erde vorzubeugen, transportierte jede Nation ihre Waffen in ein anderes Gebiet des Trabanten. Da diese Waffen aber die Fähigkeit hatten, sich durch die Nutzung der Sonnenenergie und des Gesteins der Mondoberfläche zu vervielfältigen, wird die Gefahr noch größer. Und auf der Erde machte sich sogar die Befürchtung breit, die Waffen könnten selbst zum Angriff übergehen.

Die Mondmissionen der NASA

Sehen ist eine Kunst, die erlernt werden muss.

Wilhelm Herschel

Historiker würdigen gerne große Erfindungen, vernachlässigen in ihren Darlegungen aber zuweilen die vorbereitenden Schritte, ohne die bestimmte Innovationen gar nicht denkbar gewesen wären. So ist zum Beispiel das Apollo-Raumfahrtprogramm unter allen erdenklichen Gesichtspunkten untersucht und dokumentiert worden. Aber was musste eigentlich im Vorfeld geschehen, damit diese Riesenanstrengung möglich war? Welche Schritte waren notwendig, nachdem Jules Verne und andere mit ihrer Fantasie schon lange zuvor in groben Zügen die Bahnen für einen Flug zum Mond vorgezeichnet hatten?
Als der amerikanische Präsident John F. Kennedy das Programm kurze Zeit nach Amtsantritt – und nach der gescheiterten Invasion in der kubanischen Schweinebucht – bewilligte, erklärte er, dass sich die USA zum Ziel setzen sollten, »noch vor Ende dieses Jahrzehnts einen Menschen auf den Mond und sicher wieder zurück auf die Erde zu bringen«. Das Budget der NASA wurde um das Zehnfache erhöht. Die amerikanische Öffentlichkeit hatte sich schon für die angeblich unbegrenzten Möglichkeiten des Weltraumzeitalters begeistert.

Doch technischer Fortschritt benötigt einen gewissen Vorlauf, und die Zeit muss für bestimmte Erfindungen reif sein. Mehr als hundert Jahre zuvor hatte die Eisenbahn versprochen, die Reisezeiten wie kein anderes Transportmittel zu verkürzen. Sie wurde zur Metapher für die sich verändernde Beziehung der Menschen zur Welt, für die Beherrschung der Landschaft mithilfe einer revolutionären neuen Technologie. Generell waren militärische Nutzenerwägungen im 19. und 20. Jahrhundert wesentliche Triebfedern des technischen Fortschritts. Im Amerikanischen Bürgerkrieg wurde die Eisenbahn dann zu einem entscheidenden Faktor, und noch während des Ersten Weltkriegs kam ihr erhebliche Bedeutung für die schnelle Belieferung mit Waffen und Kriegsmaterial zu. Auch Flugzeuge wurden schon bald nach ihrer Entwicklung militärisch eingesetzt und stellten sich als effektive Waffen heraus.

Technologiehistorisch gesehen verband sich die Idee des Mondflugs am Ende des 19. Jahrhunderts mit der Geschichte und dem Fortschritt auf dem Gebiet der Raketenentwicklung – damals wurde klar, dass die Triebkraft der Schlüssel für eine Beförderung der Menschen sein würde. Angesichts der Rückständigkeit des zaristischen Russlands, wo ein innovationsfeindliches Klima herrschte, ist es umso überraschender, dass Konstantin Ziolkowski dort 1903 das entwickeln konnte, was heute allgemein als Grundlage der theoretischen Astronautik gilt. Forschungen zur Antriebstechnik wurden unabhängig voneinander in mehreren Ländern durchgeführt: Auch der Amerikaner Robert Goddard, der Franzose Robert Esnault-Pelterie und der Deutschrumäne Hermann Oberth arbeiteten an solchen Systemen.

Die Genies von morgen gelten in der Gegenwart häufig als Spinner, und tatsächlich war die Raketenforschung anfänglich eine Beschäftigung, die als recht abseitig galt. Als Oberth seine Dissertation über das Verhalten von Raketen im Weltraum verfasste und sie 1922 an der Universität Heidelberg einreichte, fand sich kein Professor, der sich als kompetent genug erachtete, sie zu beurteilen. Immerhin gelang es Oberth, sie in Klausenburg als Diplomarbeit unterzubringen, und als *Die Rakete zu den Planetenräumen* im Jahr darauf als Buch veröffentlicht wurde, weckte sie großes Interesse und zog weitere Forschungen auf diesem Gebiet nach sich.

In der Raumfahrt, wie sie sich dann in den 1950er- und 1960er-Jahren entwickelte, verbanden sich neue mit schon länger eingeführten Technologien. Wie der amerikanische Historiker Walter A. McDougall berichtet, verknüpfte sie vier große Erfindungen: »die Radartechnik Großbritanniens, die ballistische Rakete Deutschlands und den Computer sowie die Atombombe der Vereinigten Staaten«, wobei jede »das Produkt des zerstörerischsten Konflikts der Menschheit war – des Zweiten Weltkriegs«. Unmittelbar nach dem Ende des Kriegs, noch vor dem Beginn des durch den Kalten Krieg beförderten *space race*, des Wettlaufs um die Vorherrschaft im Weltraum, setzte man dieses Wissen für die Entwicklung von Interkontinentalraketen ein. Das deutsche V-2-Raketenprogramm (»Vergeltungswaffe 2«) hatte schon gezeigt, dass ein Flug außerhalb der Erdatmosphäre möglich ist – 1945 erreichte die Rakete Aggregat 4 eine Höhe von immerhin 200 Kilometern.

Die Idee des Mondflugs zog Menschen an, die visionäre mit technischen Neigungen vereinten. Wernher von Braun ist eine Schlüsselfigur unter ihnen. Zunächst Direktor der Heeresversuchsanstalt Peenemünde und SS-Mitglied, hatte er in den Jahrzehnten nach dem Krieg verschiedene leitende Positionen in der amerikanischen Weltraumfahrt inne. Als Direktor des Marshall Space Flight Center in Alabama war er federführend an der Entwicklung verschiedener Raketenprogramme beteiligt und zuletzt als NASA-Vizechef tätig – eine Laufbahn, die sicherlich nicht nur begehrtes Fachwissen, sondern auch eine gehörige Portion Diplomatie, wenn nicht Opportunismus, voraussetzte. Wie sein Biograf Michael J. Neufeld es formuliert, haben wenige Menschen »die Hand von Eisenhower, Kennedy, Johnson und Nixon, aber auch von Hitler, Himmler, Göring und Goebbels geschüttelt«. Gerne wird den Mantel des Schweigens darüber ausgebreitet, dass die unterirdische Raketenfabrik, die die V-2 herstellte, Zwangsarbeiter beschäftigte, und es ist bekannt, dass von Braun an der Planung und dem Betrieb der Anlage beteiligt war. Er profitierte von Kriegsverbrechen und trägt moralische, vermutlich aber viel weiterreichende Schuld. Neuere Untersuchungen haben die Legende, er sei ein genialer Konstrukteur gewesen, demontiert. War er womöglich doch »nur« ein überaus geschickter Manager? Immerhin: Selbst unter schwierigsten Bedingungen gelang es ihm, sein berufliches Schicksal sehr gezielt zu steuern. Alles, was er tat, verband sich mit bemerkenswerter Weitsicht. Ihm war klar, dass die Bedingungen für Raketenforschung in den USA viel besser sein würden als in Großbritannien oder Russland, sodass er sich bewusst von den Amerikanern festnehmen ließ. Ihm folgten rund hundert seiner Teammitglieder. Braun war zu diesem Zeitpunkt der erfahrenste Raketeningenieur und entwickelte bald eine breiter angelegte Vision vom Aufbruch der Menschheit in den Weltraum.

Ohne die erbitterte Feindschaft der beiden Supermächte während des Kalten Krieges wären Menschen sicher nicht so früh auf den Mond gelangt. Es ging dabei also nicht in erster Linie um die wissenschaftliche Erkundung, sondern um eine möglichst symbolkräftige Eroberung. Ohne den ausgeprägten politischen Willen und, wie der Chefhistoriker der NASA Roger D. Launius es formuliert, »den Wunsch, die technologische Überlegenheit einer Regierungsform über die andere zu demonstrieren«, wäre das Apollo-Programm nicht durchsetzbar gewesen.

Nachdem die Sowjetunion im Oktober 1957 den Sputnik 1 und einen Monat später Sputnik 2, diesmal mit dem Hund Laika an Bord, ins All geschossen hatte, gewann der Wettlauf an Dynamik. Plötzlich fanden sich die Amerikaner an zweiter Stelle. Da man wusste, dass die Sowjetunion im Begriff war, Nuklearwaffen zu entwickeln, betrachtete man den kleinen, die Erde umkreisenden Satelliten als potenzielle militärische Bedrohung für Ziele in den USA. Die hohe Geheimhaltungsstufe des sowjetischen Weltraumprogramms – weder der Abschussort der Raketen (das Kosmodrom von Baikonur, in der Wüste der heutigen Republik Kasachstan) noch der Name des Raketenkonstrukteurs (Sergei Koroljow) waren seinerzeit bekannt –, beförderte die Dringlichkeit der amerikanischen Anstrengungen. Die als bedrohlich empfundene Situation zog die Freigabe massiver beträchtlicher Gelder nach sich. Insgesamt lassen sich allein die Kosten für das Apollo-Programm, das von der Politik des Kalten Krieges katalysiert wurde und nur am Rande wissenschaftlichen Zielen diente, auf etwa 25 Milliarden Dollar beziffern. Es wurde, um noch einmal Launius zu zitieren, »die größte nicht militärische technologische Anstrengung, die jemals von den Vereinigten Staaten unternommen wurde«. Kaum jemand erinnert sich heute noch daran, dass der amerikanische Präsident wiederholt versuchte, den sowjetischen Premier Nikita Chruschtschow von einem gemeinsamen Mondflug zu überzeugen. Diese Versöhnungsgeste, von vielen als Zeichen inkonsequenter Astropolitik gedeutet, trug Kennedy im eigenen Land harsche Kritik ein. Die Sowjets reagierten damals nicht einmal darauf.

Von Anfang an mangelte es dem NASA-Programm nicht an Kritikern. Umfragen in dem Jahr vor dem Start von Apollo 11 belegen, dass es keine klare Mehrheit unter den Amerikanern für das Unternehmen gab. Manche Vorbehalte beruhten auf der Überzeugung, dass »Gott nie wollte, dass wir in den Weltraum fliegen«, wie es ein Befragter formulierte. Hätte Gott dem Menschen nicht Flügel gegeben, wenn er gewollt hätte, dass er fliegt? Selbst wenn diese Antwort nur die Meinung einer Minderheit wiedergibt, macht sie deutlich, wie sehr das Unternehmen auch von metaphyischen Erwägungen und Bedenken begleitet war. Sollte dieses ewige Symbol am Himmel entzaubert, sollten seine Geheimnisse gelüftet werden? Tatsächlich zeitigte das Apollo-Programm unterschiedliche, zum Teil quasi-religiöse Reaktionen. So meinte der amerikanische Schriftsteller Norman Mailer, der Raumfahrtkapsel komme geradezu die Funktion eines heiligen Objekts zu. Und er spekulierte gerne über das Ausmaß, in dem die Ideologie der Nazis – vermittelt durch Wernher von Braun und andere ehemalige deutsche Offiziere – in das Weltraumprogramm eingeflossen sein könnte.

Die meisten Vorbehalte waren dennoch eher ökonomischer als metaphysischer Natur. Schon 1964 charakterisierte der amerikanische Soziologe Amitai Etzioni den Wettlauf zum Mond als »monumentale Fehlentscheidung«. Sein Buch hieß *The Moondoggle* – ein Wortspiel mit »boondoggle«, was ein Projekt bezeichnet, das Geld und Zeit verschwendet. Das Weltraumprogramm, so argumentierte Etzioni, biete weder Anreize für wirtschaftliche Entwicklung, noch trage es zu einem besseren Verständnis des Universums bei. Die ganzen wissenschaftlichen Anstrengungen solle man, so forderte er, statt auf den Weltraum besser auf das Gesundheits- oder das Ausbildungswesen konzentrieren. »Das Wettrennen im All ist vor allem eine Flucht. Indem wir uns auf den Mond konzentrieren, vermeiden wir es, uns selbst gegenüberzutreten, als Amerikaner und Bürger der Erde.« Etzioni war als weitsichtiger Berater geschätzt und fand auch in den darauffolgenden Jahrzehnten immer wieder Gehör, unter anderem war er unter Jimmy Carter leitender Berater im Weißen Haus.

Für den unabhängigen Humanisten und Wissenschaftshistoriker Lewis Mumford war das Apollo-Programm schlicht eine Geldverschwendung, »ein übertriebenes Kunststück technologischen Exhibitionismus«. Er wählte ein eigenwilliges Bild, indem er die bemannte Raumfahrtkapsel »mit den innersten Kammern der großen

Pyramiden verglich, in denen der mumifizierte Körper des Pharao umgeben von der für die magische Reise zum Himmel erforderlichen Ausrüstung *en miniature* untergebracht wurde«.

Solchen kritischen Stimmen zum Trotz war die allgemeine Medienberichterstattung dem Vorhaben gegenüber aufgeschlossen, sogar positiv. Der für das amerikanische Selbstverständnis so entscheidende Mythos von der *frontier* wurde reaktiviert und in den Weltraum verlagert. So sehr das Raumfahrtprogramm unter Präsident Lyndon Johnson nach der Ermordung von Martin Luther King jr. und Robert F. Kennedy im Jahre 1968, den zunehmend bedrückenden Nachrichten über den Vietnamkrieg auch unter Druck geriet, der Drang zum Mond hatte stets die Rolle eines positiven Gegengewichts für die amerikanische Psyche.

Aus den Glücksversprechen von gestern werden zuweilen die Katastrophen von morgen. Seit Mitte der 1950er-Jahre hatte man euphorisch eine Welt umrissen, in der die Atomkraft der Schlüssel für die Lösung vieler Probleme sein würde: Sie sollte die knappen Energievorkommen ersetzen, auch Umweltverschmutzung reduzieren und Armut beseitigen. Schon die bloße Androhung atomarer Auslöschung versprach, gewalttätige Auseinandersetzungen zwischen Staaten zu unterbinden. Ein halbes Jahrhundert später stellen sich diese Ideen nüchterner dar. Die Nutzung der Atomkraft ist heute mehr denn je mit existenziellen Ängsten und schwersten Sicherheitszweifeln verbunden.

Die wackelnden Bilder von den geisterhaften Schritten der Astronauten und ihre metallisch klingenden Stimmen, die damals live vom Mond übertragen wurden und Menschen weltweit in Bann zogen, sind heute Teil unseres kulturellen Gedächtnisses. Mindestens ebenso bedeutsam wie das Betreten des Mondes war der Blick von dort zurück auf die Erde. Zum ersten Mal war der gesamte Planet nicht nur eine abstrakte Vorstellung, man sah ihn in einem größeren Zusammenhang. Wie nie zuvor vermittelte die Reise zum Mond einen Begriff von unserer Einzigartigkeit im Weltraum und von den Grenzen der Oase, die wir bewohnen. Die Vorstellung vom verwundbaren »Raumschiff Erde« mit seiner dünnen Atmosphäre sollte bald Millionen von Menschen zu einer Länder und Kontinente übergreifenden Umwelt- und Friedensbewegung inspirieren, die die Welt veränderte.

Das amerikanische Projekt der bemannten Mondlandung kam im November 1972 zu seinem Abschluss, als die Kapsel von Apollo 17 im Pazifik landete. NASA-Funktionäre, Astronauten, Wissenschaftler und Manager feierten das Ereignis. Die *Washington Post* schrieb von der »last splashdown party«, der letzten Wasserlandungsparty. Der Weltraumenthusiasmus war zu diesem Zeitpunkt schon weitgehend verflogen und nun endgültig von dringenderen politischen und kulturellen Themen

überlagert worden. Die Mondeuphorie wich der Technikverdrossenheit. Zugleich hatten sich die Wogen zwischen den Supermächten etwas geglättet. Schon im Mai 1972 hatten Richard Nixon und Alexei Kossygin ein »Abkommen über Kooperation in der friedlichen Erforschung und Nutzung des Weltraums« unterzeichnet, das im Andockmanöver im Juli 1975 zwischen Apollo und Sojus und der Verbrüderung von Astronauten und Kosmonauten einen unvergesslichen Ausdruck fand.

War die Mondmission, dieser in enorm kurzer Zeit zuwege gebrachte technologische Hochseilakt, mehr als nur ein historischer Zufall? Sicherlich kann sie nicht einfach als Propagandacoup oder als amerikanischer Egotrip abgetan werden. Manchmal wurde sie mit dem Zeitalter der Entdeckungen verglichen, doch anders als bei den portugiesischen und spanischen Seefahrern des 15. Jahrhunderts war die bisher größte Reise der Menschheit nicht von dem Wunsch nach Reichtum motiviert.

Auch wenn sich eine einfache Kosten-Nutzen-Rechnung kaum anstellen lässt, hat die Raumfahrtforschung eine Reihe von Innovationen hervorgebracht, von denen die Menschen bis heute profitieren. Ein Beispiel ist die Erfindung der auf einer kontrollierten Reaktion von Wasserstoff und Sauerstoff basierenden und vielfältig einsetzbaren Brennstoffzelle. Sie wurde entwickelt, um das lebenserhaltende System der Raumkapsel mit Strom zu versorgen. Winzige Dioden, mit deren Hilfe Puls und Blutdruck der Astronauten gemessen wurden, gelten als Vorläufer der medizinischen Telemetrie. Gefriertrocknung erlaubte es erstmals, Nahrungsmittel wie Kartoffeln, Erbsen, Karotten und Hackfleisch raumsparend und haltbar aufzubewahren. Das NASA-Programm gab auch der Miniaturisierung der Informationstechnologie wichtige Impulse. Der am MIT konzipierte Apollo Guidance Computer, ein dreißig Kilogramm schwerer Apparat mit deutlich weniger Kapazität als der eines modernen Mobiltelefons, der an Bord mitgeführt wurde, ermöglichte die Navigation der Flüge.

Einige Aspekte des Mondflugs fanden sich später auch in der Populärkultur wieder: Michael Jacksons legendärer *moonwalk* verdankt seine Anregung den Bewegungen der Astronauten auf der Mondoberfläche, und auch die in den 1970er-Jahren beliebten, von dem italienischen Designer Giancarlo Zanatto entworfenen *moonboots*, voluminöse leichte Winterstiefel mit besonders dicken Profilsohlen, hätten ohne ihre Vorläufer im wirklichen Leben kaum einen Sinn ergeben.

Etwa neunzigtausend Menschen meldeten sich ab 1968 für den *First Moon Flights Club* der Pan American World Airways an. Ronald Reagan zählte zu den ersten, die sich einen Platz reservierten. Im Jahr 2000 sollten die ersten Mitglieder auf den Mond fliegen können, zum veranschlagten Tarif von vierzehntausend Dollar. Abgesehen davon, dass dieser Preis im Rückblick völlig unrealistisch erscheint, musste die Fluggesellschaft ihr Versprechen nie einlösen, denn sie ging 1991, ein Jahrzehnt vor dem versprochenen Start, in Konkurs.

Daneben gibt es noch einen ganz anderen Blick auf das Thema »Mond«, der im Laufe der Jahrzehnte für erheblichen Aufruhr sorgte. Ihm zufolge hat keine der Apollo-Missionen den Mond je erreicht, alles sei nur auf der Erde simuliert worden. Für manche Menschen passte der technologische Erfolg nicht in ihr Weltbild; ein Schwindel war für sie leichter vorstellbar, als etwas zu akzeptieren, das ihre Annahmen grundlegend infrage stellte. Doch für manche Leugner der Mondlandung war die Sache noch komplizierter, sie pflegten einen geradezu messianischen Glauben an eine Verschwörung und widersetzten sich von vornherein und oft aggressiv jeglicher Diskussion.

Im Jahre 1974, auf der Höhe des Watergate-Skandals, als das Vertrauen in das amerikanische politische System einen Tiefpunkt erreicht hatte, veröffentlichte Bill Kaysing sein Buch *We Never Went to the Moon: America's Thirty Billion Dollar Swindle*. Er traf mit seiner Polemik die aktuelle Stimmungslage und löste eine langlebige Diskussion aus. Oft wurden dabei immer wieder dieselben Argumente vorgebracht. Der Regisseur Bart Sibrel hatte zwei Filme gedreht, in denen behauptet wurde, es handle sich bei den Landungen um einen Schwindel und Buzz Aldrin sei ein »Dummkopf, Lügner und Dieb«, worauf sich der ehemalige Apollo-Astronaut derartig provoziert fühlte, dass er Sibrel einen Faushieb ins Gesicht verpasste.

Verschwörungstheoretiker vertreten unterschiedliche Theorien über das Ausmaß des angeblichen Schwindels. Manche glauben, dass die Apollo-Crew den Mond wirklich erreicht hat, aber dass die Fotos gefälscht wurden, um die technischen Details der Reise zu verschleiern. Andere wiederum meinen, Stanley Kubrick, der Regisseur von *2001: Odysee im Weltraum*, sei von der NASA beauftragt worden, Filmmaterial für Apollo 11 und 12 zu drehen. Diesem Szenario folgend, wurde ein Dummy abgeschossen, den man später in den Ozean fallen ließ. Die anderen, in Hunderte von Millionen Haushalte übertragenen Bilder sollen auf einem schnell improvisierten Filmset an einem abgelegenen Ort in der Wüste von Nevada gedreht worden sein. Die Tatsache, dass Kubrick ehemalige NASA-Mitarbeiter für *2001* anwarb, gilt den Kritikern als weiterer Anhaltspunkt dafür, dass es sich um einen großen Schwindel handelt. Neuen Auftrieb bekam die Diskussion, als der amerikanische Fernsehsender Fox im Jahr 2001 die Dokumentation *Conspiracy Theory: Did We Land on the Moon?* ausstrahlte. In diesem Film kamen Befürworter der Verschwörungstheorie zu Wort, ohne dass ihnen schlagkräftige Argumente entgegengesetzt worden wären.

Obwohl eine Vielzahl unabhängiger Quellen den Besuch von Menschen auf dem Mond durch eine überwältigend große Zahl von Fakten unzweifelhaft bewiesen hat, bieten solche Vorwürfe den Medien immer wieder Stoff für eine aufsehenerregende Story. Versucht man, die Argumente der Verschwörungstheoretiker unvoreingenommen zu betrachten, klingen einige im ersten Moment tatsächlich plausibel – auch wenn sie keiner ernsthaften Untersuchung standhalten. Man kann sie auf vielen Websites im Internet nachlesen, deswegen sollen sie hier nur angerissen werden. Für die Anhänger der Theorie vom »Apollo Simulation Project« gilt die Abwesenheit von Sternen im pechschwarzen Himmel auf den von den Astronauten gemachten Fotos als Indiz für die Richtigkeit ihrer Behauptung. Sie wollen nicht wahrhaben, dass die Belichtungszeiten für das schwache Licht der Sterne zu kurz waren, um sie sichtbar abbilden zu können. Ebenso stören sie sich an dem ungewöhnlichen Spiel von Licht und Schatten auf einigen Fotos, wie etwa dem berühmten »Mann auf dem Mond«-Bild von Buzz Aldrin. Warum wirkt es so, als sei ein Scheinwerfer auf ihn gerichtet, obwohl die Sonne hinter ihm steht oder ihn von der Seite beleuchtet? Die Anhänger der Verschwörungstheorie sind nicht bereit anzuerkennen, dass die Mondoberfläche die Neigung hat, das Licht in die Richtung der Quelle zu reflektieren, sodass ein bestimmter Schein zustande kommt, der manchmal auch als Halo oder Aureole bezeichnet wird. Ein anderes, häufig vorgebrachtes Argument ist, die Astronauten hätten die Strahlung während der Reise oder die hohen Temperaturen auf der Mondoberfläche nicht aushalten können. Obwohl diese Faktoren tatsächlich eine Bedrohung für die Astronauten darstellten, war es möglich, die damit verbundenen Risiken durch Schutzmaßnahmen zu begrenzen.

Die Vehemenz, mit der Skeptiker an ihrem Glauben festhalten, obwohl alles dagegen spricht, zeigt, dass die Mondlandungen von manchen als traumatisch erfahren wurden. Das Betreten dieses numinosen Himmelskörpers verletzte ihre Vorstellung von der natürlichen Ordnung der Dinge. Eine Reise zum Mond war schon jahrhundertelang ein Traum gewesen, aber ein wahr gewordener Traum kann eben ein ziemlicher Schock sein.

Das Nicht-Wahrhaben-Wollen der Mondlandung berührt noch andere, tiefer gehende Fragen. In Filmen und Romanen verwischt man heute gerne die Grenze zwischen Wirklichkeit und Fiktion. Man sollte sich also nicht darüber wundern, wenn der Umgang mit dem, was gemeinhin für »wahr« und »falsch« gehalten wird, auch bei dem, was in der wirklichen Welt passiert, ins Wanken gerät. Während den älteren Zeitgenossen die Bilder und Töne der ersten Mondlandung noch gut in Erinnerung sind, ist mehr als die Hälfte der Erdbevölkerung inzwischen zu jung, als dass sie diese selbst am Bildschirm hätte verfolgen können. Ihr emotionales Verhältnis dazu ist also in jedem Fall ein anderes. Sich nicht zu erinnern bedeutet zwar nicht automatisch, etwas nicht wahrhaben zu wollen, macht es aber leichter, die Mondlandung nicht einfach als gegeben hinzunehmen.

Doch auch für all jene, die von den Mondlandungen als Tatsachen überzeugt sind, ist die Auseinandersetzung mit dem Mond längst nicht zu Ende. Es gibt

sogar einige sehr profane Aspekte, die sich mit ihm verbinden. Welche Gesetze sind dort gültig, und wer hat das Recht und die Autorität, sie zu erlassen? Und wer, wenn überhaupt jemand, darf die Mondoberfläche verändern? 1967 unterzeichneten die Vereinigten Staaten, Großbritannien und die Sowjetunion bei der UNO den Weltraumvertrag. Darin wurde der Mond zu einer *terra nullius* erklärt, zu einer Welt, die niemandem gehört. Bis heute haben sich diesem Vertrag etwa hundert Länder angeschlossen. Es gibt noch andere völkerrechtliche Verträge, die sich auf das Weltraumrecht beziehen, besonders interessant ist der Mondvertrag von 1979: Er bestimmt, dass der Mond nicht als Testgelände für Militärzwecke genutzt werden darf, und schließt auch von vornherein aus, dass irgendein Land seine Verfügungsgewalt über einen Himmelskörper oder Teile von ihnen erklärt. Allerdings wurde dieser Vertrag, eine Ergänzung des Weltraumvertrags, bisher von keinem der im Weltraum aktiven Staaten ratifiziert. Die Vereinigten Staaten haben sich sogar ausdrücklich gegen ihn ausgesprochen, weil sie die mögliche kommerzielle Nutzung des Mondes gefährdet sehen. Ungeklärt ist bisher auch, wie eine für alle Staaten verbindliche Umweltethik für den Mond formuliert und umgesetzt werden könnte.

Künftige Mondprojekte sehen sich erheblichen Herausforderungen gegenüber, nicht zuletzt auf der Ebene technischer Lösungen. Von der NASA unter Vertrag genommene Unternehmen beschäftigen sich heute mit Fragen der Logistik für Aktivitäten auf dem Mond, der Nutzung von Bodenschätzen oder der noch besseren Gestaltung von Raumfahrtanzügen und anderen Ausrüstungsgegenständen. In der Antarktis gibt es eine aufblasbare, künstliche Umgebung, die als Basis für die Mondforschung und als Probestation für die Erkundung des Mars dient. Gerne werden für solche Experimente Gegenden mit extremen klimatischen Bedingungen wie die kanadische Arktis oder die Wüste des Bundesstaates Arizona ausgewählt. Im Aquarius Unterwasserlabor vor der Küste Floridas können einige der Bedingungen simuliert werden, die auch für den Weltraum gelten. Zwangsläufig bieten solche Miniaturumwelten immer nur eine entfernt realistische Annäherung an die Verhältnisse, mit denen man sich bei künftigen Aufenthalten auf dem Mond auseinanderzusetzen hätte.

Obwohl der Mond nicht die aggressiven Gase der Venus aufweist oder wie der Jupiter mit Strahlung verseucht ist, stellen Gefahren wie kosmische Strahlung und Sonnenwind ein deutlich höheres Risiko dar als bei uns auf der Erde, wo Atmosphäre und Magnetfeld wie ein Schutzschirm fungieren. Der feine Staub ist aggressiv und gefährdet nicht nur die Lungen und Raumanzüge der Astronauten, sondern auch die Gelenke und Kugellager der Mondroboter, weshalb manche vorschlagen, sie in Overalls zu stecken. Überhaupt dürfte Robotern bei der Erkundung des Mondes eine entscheidende Rolle zukommen – leichtgewichtige Fahrzeuge oder *robotractors*, die sich geschickt auf der Oberfläche bewegen, Gesteinsproben oder sogar Mineralien entnehmen, die Wasser oder Sauerstoff enthalten. Wassermoleküle, einmal in Wasserstoff und Sauerstoff aufgespalten, könnten Grundlage für Raketentreibstoff und Atemluft sein.

Vorreiter der kommerziellen Nutzbarmachung des Mondes wie das Lunar Research Institute in Arizona werden nicht müde zu betonen, dass die Mehrzahl der für den Bau technischer Anlagen auf dem Mond notwendigen Ressourcen nicht dorthin gebracht werden müssten, sondern direkt vor Ort gewonnen werden könnten. Dem leitenden Manager des Entwicklungslabors für Raumschifftechnologie bei Lockheed Martin, Larry Clark, zufolge, würde es genügen, die obersten fünf Zentimeter der Mondoberfläche eines Areals zu verarbeiten, das halb so groß ist wie ein Basketballfeld, um vier Astronauten fünfundsiebzig Tage lang mit Sauerstoff versorgen zu können. Vorgefundenes Silizium kann zur Herstellung von Solarzellen für die Energiegewinnung verwendet werden, Eisen für den Bau von technischen Anlagen, Aluminium, Titanium und Magnesium für Raumschiffe und schließlich Kohlenstoff sowie Stickstoff für die Lebensmittelerzeugung. Da die Anziehungskraft des Mondes gering ist, sind Transporte zur Erde billiger als umgekehrt.

Der Mond mag ein Ort ungeahnter, vielleicht sogar unbegrenzter Möglichkeiten sein, und einige Vorhaben erinnern an den Enthusiasmus des Goldrauschs. Im Zentrum der neuen Mondträume steht Helium-3, die leichtere Variante eines Edelgases, das auf der Erde nur in kleinen Mengen vorkommt, auf dem Mond jedoch in ganz anderen Dimensionen – Berechnungen zufolge dürfte es dort eine Million Tonnen Helium-3 geben.

Würde es gelingen, dieses Gas zur Erde zu holen, könnte es mit Deuterium in Fusionsreaktoren zu Helium-4, der Energiequelle der Sonne und Sterne, verarbeitet werden. Es wäre ein sauberer Energielieferant, der keinen strahlenden Müll hinterlassen würde. Mit nur 40 Tonnen Helium-3 könnte der Energiebedarf der USA für ein Jahr gedeckt werden.

Solche Reaktoren sind jedoch noch nicht einsatzbereit; Experten sind der Meinung, dass bis zu einer kommerziellen Nutzung mehrere Jahrzehnte vergehen werden. Mithilfe der Sonne auf dem Mond erzeugte Energie könnte dann Mondstationen versorgen oder dazu beitragen, die Abhängigkeit künftiger Generationen von fossilen und nuklearen Brennstoffen zu vermindern. Es ist viel Zukunftsmusik im Spiel.

Paul D. Spudis, der Chef des Clementine-Teams (die 1994 mit der Aufgabe gestartete Sonde, die Mondoberfläche mittels Spezialkameras zu untersuchen), hält den »Berg des ewigen Lichts« in der Nähe des Südpols für das »wertvollste Grundstück im Sonnensystem«. »Der große Vorteil dieses Ortes ist, dass man dort die vierzehn Tage lange Mondnacht mit Solarenergie überbrücken könnte, was am

Mondäquator und in anderen Mondregionen nicht möglich wäre.« »Zudem«, so führt Spudis weiter aus, »existieren dort in der Nähe Wasserstoffvorkommen, aus denen sich Wasser, Luft und Raketentreibstoff synthetisieren ließe. Wenn der Mond eine Wüste ist, sind die Pole seine Oasen.«

Solche futuristischen Visionen berühren auch andere existenzielle Fragen. Schon die Arbeit auf einer Ölförderungsplattform oder in der Antarktis bringt viele Entbehrungen mit sich, doch wer würde einen wichtigen Abschnitt seines Lebens in der feindlichen Sphäre des Mondes verbringen wollen? Sollen Menschen wirklich anderswo als auf der Erde leben? Schließlich hat sich die menschliche Physiologie in ihrer langen Entwicklung auf die Schwerkraftverhältnisse der Erde eingestellt. Umgekehrt zieht das Leben unter den Bedingungen verminderter Schwerkraft unerwünschte Folgen nach sich. Menschen, die längere Zeit im Weltraum verbracht haben, benötigen eine kostenaufwendige Rehabilitationsphase, um sich davon zu erholen. Wie können für das Kreislauf- und Bewegungssystem schädliche Folgen minimiert sowie das psychologische und soziale Gleichgewicht aufrechterhalten werden? Der Spielfilm *Moon* (2008) von Duncan Jones spielt in und im Umfeld einer Anlage, wo ein Astronaut seit drei Jahren den Abbau von Mondgestein zur Gewinnung von Helium-3 überwacht, das die Hauptenergiequelle auf der Erde ist. Seine Mission hat ausschließlich diesen wirtschaftlichen Zweck. Regelmäßig schickt er per Rakete vorbereitete Behälter mit dem wertvollen Gas zur Erde. Ein Videoübertragungssystem ist die einzige Verbindung zu seiner Familie. Das Auftauchen eines jüngeren Doppelgängers verstört ihn zutiefst, stellt den Einsatz auf dem Mond für ihn wie nie zuvor infrage. Der Film vermittelt eine eindringliche Vorstellung von der Entfremdung in einer feindlichen Umgebung und der Orientierungslosigkeit durch jahrelange Isolierung auf dem Mond.

Nachdem Barack Obama sich über die enormen Kosten neuerlicher Mondflüge klar geworden war, bremste er jede zwischenzeitlich entstandene Mondeuphorie. Donald Trump hat nun aber angekündigt, dass er den Mond sogar besiedeln lassen möchte. Der entscheidende Unterschied zu seinen Amtsvorgängern besteht darin, dass er private Unternehmen als Motoren begreift; insofern stehen die Chancen für eine Realisierung vermutlich besser als je zuvor, auch wenn er sich mit der Nennung eines genauen Termins zurückhält. Der Milliardär Elon Musk, Gründer des Autoherstellers Tesla, hat verlautbart, sich an solchen Missionen beteiligen zu wollen.

Ein prägnantes Beispiel im Zusammenhang mit neuen Mondprojekten ist Indien. Als die unbenannte Sonde Chandrayaan-1 im Oktober 2008 zum Mond flog, berichteten die indischen Medien ausführlich und voller Stolz darüber. Die wichtigsten Ziele bestanden darin, Daten für einen dreidimensionalen Atlas beider

Mondhälften zu sammeln und die Mondoberfläche im Hinblick auf die Verteilung bestimmter Elemente zu untersuchen. Ein Bildradar, der wertvolle Daten über die Mondpole übermitteln konnte, wurde zum Mond geflogen. Überrascht hat China die Weltöffentlichkeit, als es im Januar 2019 eine Raumsonde auf der Rückseite des Mondes landen ließ, um die Oberfläche wissenschaftlich zu erforschen. Es war das erste Mal, dass ein Gerät auf der von der Ende abgewandten Seite des Mondes aufgesetzt ist.

Überhaupt ist den Chinesen einiges zuzutrauen. So haben Wissenschaftler dort einen Plan präsentiert, demzufolge die Straßenbeleuchtung der 15-Millionen-Stadt Chengdu schon 2020 durch einen künstlichen Mond abgelöst werden könnte. Dieser illuminierende, mit einer Metallschicht versehene Satellit würde dann aus dem Sonnensystem Licht reflektieren, das »etwa achtmal so intensiv wäre wie das natürliche Mondlicht.«

Liegt die Zukunft der Menschheit tatsächlich im Weltraum, wie der amerikanische Physiker Michio Kaku behauptet? Angesichts von Klimawandel und Artensterben macht er sich Gedanken darüber, wie die Menschheit überleben kann, und lässt sich dabei in seinem Optimismus nicht beirren. Der »Plan B«, die zweite Erde, ist für Kaku jedoch eher der Mars als der Mond. Mit dem Unternehmer Elon Musk verbindet ihn die Vision, eine permanente Siedlung auf dem Mars zu errichten, die nicht einmal eine Basis auf dem Mond als Zwischenstation voraussetzt. Monde spielen, so Kaku 2019 in einem *Zeit*-Interview, dennoch eine Rolle: »Wir könnten die Monde von Jupiter und Saturn ansteuern. Der Jupiter hat Trabanten wie den Mond Europa, der unter einer dicken Eisdecke einen 100 Kilometer tiefen Ozean auch Wasser verbirgt. Vielleicht finden wir da sogar Leben!« Klingt das nicht so, als würde vieles von dem, was einmal für den Erdmond galt, auf andere Monde projiziert?

Guter, alter Mond

Wie liegt im Mondenlichte
Begraben nun die Welt;
Wie selig ist der Friede,
Der sie umfangen hält!

Theodor Storm

Seit Menschengedenken war der Mond das rätselhafte Licht am Nachthimmel, dem magische Kräfte zugesprochen wurden und der, nachdem man die Logik seiner Bewegung verstanden hatte, die Menschen bei der Aufteilung und Messung der Zeit unterstützte. Mithilfe des Teleskops veränderte sich die Sicht sowohl im praktischen wie im übertragenen Sinn. Die Wissenschaftler begriffen den Mond fortan als Satelliten der Erde, und man gab sich noch eine Zeit lang Spekulationen hin, ob es dort auch Leben geben könnte. Nach dem Zeitalter der Entdeckungen existierte, von einigen unzugänglichen Regionen einmal abgesehen, kaum noch ein Ort auf der Erde, der sich für fantastische Utopien angeboten hätte. Nun war der Mond ein Ort, auf den sich solche Vorstellungen projizieren ließen. Einerseits nah genug und in Sichtweite, nicht ganz »aus der Welt«, andererseits weit genug und mit vielen Unklarheiten befrachtet, um noch alles Mögliche in ihn hineinfantasieren zu können. Aber mit Ausnahme einiger Exzentriker, die an der Idee eines belebten Mondes festhalten wollten, verabschiedete man sich im 19. Jahrhundert auch von diesen Chimären.

Die vormodernen Mondfantasien waren Vorläufer des immer konkreter werdenden Wunsches, den Weltraum zu erkunden. Eine der Folgen der kopernikanischen Revolution war, dass der Mond seine besondere Rolle als Planet einbüßte. Den Dichtern wurde diese weitreichende Veränderung zuerst bewusst, und sie begannen, sich den Mond als eng mit der Erde verbundene Gegenwelt vorzustellen. Als der Erzähler in Giacomo Leopardis *Nachtgesang eines wandernden Hirten in Asien* (1830) fragt: »Was tust du, Mond, am Himmel? Sag an, was tust du, schweigender Mond?«, bleiben seine Fragen unbeantwortet. Zwar ist der Mond weiterhin ein Begleiter, sogar ein Objekt der Sehnsucht, und ein Symbol unserer Verbindung zum Kosmos. Auch bleibt im kulturellen Bewusstsein eine enge emotionale Verbindung zu ihm bestehen, aber seine Bedeutung erklärt sich nicht mehr von selbst, er hat seine Stimme verloren.

Als benachbarter und von der Erde am besten sichtbarer Himmelskörper im All konkretisierte der Mond die Möglichkeiten der Weltraumfahrt. Inzwischen bewegt sich das wissenschaftliche Erkenntnisinteresse in immer neue, kaum vorhersehbare Richtungen. Je komplizierter das Leben auf der Erde und je unbeherrschbarer die Folgen der Zivilisation erscheinen, desto größer könnte die Versuchung werden, nach einem Ort Ausschau zu halten, an dem man sich nicht mit solchen drängenden Problemen auseinandersetzen muss. Erstaunlicherweise ist dies für manche immer noch der Mond, auch wenn er solche hohen Erwartungen vermutlich kaum erfüllen dürfte. Künftige Forschungsbemühungen könnten sich auf ganz unerwartete Orte richten. Kultureller oder wissenschaftlicher Fortschritt muss nicht einmal in räumlichen Dimensionen definiert werden, als Bewegung von einem Ort zu einem anderen. In mancherlei Hinsicht ist das Innere unseres Planeten unzugänglicher als der räumlich viel weiter entfernte Mond. So konzentrieren viele Wissenschaftler ihre Energien heute darauf, die Erdkruste zu erforschen. Auch die Tiefen der Ozeane bergen noch viele Geheimnisse, die Gesetzmäßigkeiten des Lebens sind keineswegs bis ins Letzte erforscht und immer noch werden neue Tierarten entdeckt. Einige der drängendsten Herausforderungen für den Fortschritt menschlichen Wissens – und sogar für unser Überleben – dürften eher in unserer unmittelbaren Umgebung liegen als im Weltraum. Wird dann auch unser Impuls, den Mond als Projektionsfläche unserer Hoffnungen und Ängste zu gebrauchen, nachlassen oder sich ganz und gar erschöpfen?

Was für wichtig befunden wird, unterliegt im Laufe der Zeit erheblichen Veränderungen. Der Raketeningenieur und Wegbereiter der Raumfahrt Wernher von Braun scheute nicht davor zurück, die Mondlandung mit dem Moment in der Evolutionsgeschichte zu vergleichen, als die ersten Lebewesen aus dem Wasser kamen und auf dem Festland zu überleben lernten. Und der frühere amerikanische Präsident Richard Nixon behauptete allen Ernstes, die Geschehnisse um Apollo 11 stellten die wichtigste Woche der Weltgeschichte seit der Schöpfung dar. Schon wenige Jahre später klangen diese Vergleiche überzogen, und aus der Sicht des 21. Jahrhunderts, also gerade einmal vierzig Jahre später, wirken sie absurd übertrieben, wenngleich die erste Mondlandung ein überaus bemerkenswerter Moment in der Geschichte der Menschheit bleibt.

Anfang 2010 erklärte die Denkmalschutzbehörde Kaliforniens 106 von Apollo 11 auf dem Mond zurückgelassene Objekte, darunter das Landegestell, ein Erdbebenmessgerät, die amerikanische Flagge und seltsamerweise sogar Tüten mit Exkrementen, zu Kulturgütern mit historischem Wert – es sind zugleich die allerersten, die sich außerhalb der Erde befinden. Werden sie dazu beitragen, die Erinnerung an Apollo wachzuhalten?

Der Mond wird sicherlich ein Symbol bleiben, das die menschliche Vorstellung über Länder- und Kulturgrenzen hinweg weiterhin beschäftigt – selbst »im Jahr

2525«, um den Refrain des Evergreens von Zager und Evans aus dem Jahr 1969 zu zitieren, der ganze Generationen beflügelt hat, ihre Hoffnungen in das »Zeitalter des Wassermanns« zu setzen. Es gibt unzählige Monde, aber der Erdmond bleibt für uns Menschen etwas Besonderes, wenn sich auch seine Bedeutung weiter verändern wird, so wie sie dies in der Vergangenheit getan hat.

Man musste nicht zum Mond fliegen, um ihn zu entdecken oder etwas von seiner Faszination zu erfahren. Warum sollte man zum Mond reisen wollen, wenn man ihn doch so gut von der Erde aus sehen kann? Offenbart er uns seine Geheimnisse wirklich erst, wenn wir auf ihm spazieren gehen, oder verhindert diese physische Nähe das womöglich sogar? Der Dichter und Philosoph Günther Anders warnte in *Der Blick vom Mond* (1970) vor trügerischen Hoffnungen: »*Wir* werden durch die Erweiterung der Welt nicht erweitert werden.«

Vielleicht macht technologischer Fortschritt den Mond eines Tages zu einem Ort, wo Menschen dauerhaft wohnen können. Aber um seine vielen Bedeutungen verstehen zu können, benötigen wir vermutlich gerade die geografische und gedankliche Distanz.

»Vor den Augen aller Erdbewohner wiederholt unser Trabant seinen ewigen Kreislauf«, schrieben Wilhelm Beer und Johann Heinrich Mädler in ihrem Monumentalwerk *Der Mond* (1837). Auch wenn man alles schon gesehen zu haben glaubt, ist denkbar, dass der Mond noch so manche Überraschung für uns bereithält; es sei denn, eine unvorhersehbare Katastrophe verändert seine Oberfläche oder Position, oder unser Blick ins All wird durch eine Schicht in unserer Atmosphäre getrübt oder sogar verhindert. Dennoch werden wir den Mond in anderen Zusammenhängen begreifen lernen, was wiederum Rückwirkungen auf die Symbolik haben wird, die er für uns besitzt.

Wenn wir uns das Wissen über die vielfältigen Verbindungen zwischen Erde und Mond vergegenwärtigen, kann man den Mond als Teil des Erdsystems begreifen: Erde und Mond drehen sich gemeinsam um die Sonne. Etwas zugespitzt mag man den Mond aus dieser Perspektive als einen weiteren Kontinent der Erde begreifen.

Das künftige Verständnis unseres »guten, alten Mondes« mag religiös geprägt sein oder nicht; in jedem Fall korrespondiert es eng mit der Vorstellung, die wir uns von unserem eigenen Planeten und unserer Verortung im Universum machen. Der Mond erscheint uns heute nicht mehr so rätselhaft wie vor wenigen Jahrhunderten, aber trotz unseres heutigen Wissens über ihn bleibt die Faszination, die er auf uns ausübt, etwas, das sich rational nicht restlos erklären lässt. Birgt er doch ewiges Geheimnis in sich?

Vielleicht sollten wir unser derzeitiges Wissen für einen Moment beiseiteschieben. So wie wir, wenn wir die Stadt und ihre allgegenwärtige Nachtbeleuchtung hinter uns lassen, den Mond viel klarer sehen können, erlaubt uns ein Ausblenden all der wissenschaftlichen Einsichten, den Mond weniger voreingenommen wahrzunehmen. Eine Übung in Konzentration. Man könnte sich dabei von José Arcadio Buendia inspirieren lassen, jener bemerkenswerten Figur in Gabriel García Márquez' Roman *Hundert Jahre Einsamkeit,* die sich für mehrere Monate mit astronomischen Instrumenten in ein Zimmer zurückzieht, um den Himmel zu beobachten und sich in imaginäre Reisen über unbekannte Ozeane hinweg zu träumen. Buendia kommt unter den Sternebetrachtern der Gegenwart eine besondere Rolle zu. Vielleicht wollen wir es ihm nicht mit derselben Hartnäckigkeit gleichtun und uns auch nicht verlieren, wie es ihm widerfahren ist, aber es ist beruhigend zu wissen, dass der Blick zum Mond und zu den Sternen nicht immer nur eine Angelegenheit von Astrophysik und Mathematik sein muss, dass Fantasie jenseits aller Theoriegebäude auch in einem von Hightech gesättigten Zeitalter ihre Berechtigung behält.

Ein abschließender Vorschlag: Der koreanische Videokünstler Nam June Paik nannte eine von ihm 1967 geschaffene Installation *Moon is the Oldest Television.* Warum also nicht einmal den Computer ausschalten und einen Blick in den Nachthimmel wagen? So wie die Geschichte des Mondes einiges über unsere Vergangenheit verrät, könnte uns sein Antlitz manches über unsere Gegenwart und Zukunft mitteilen.

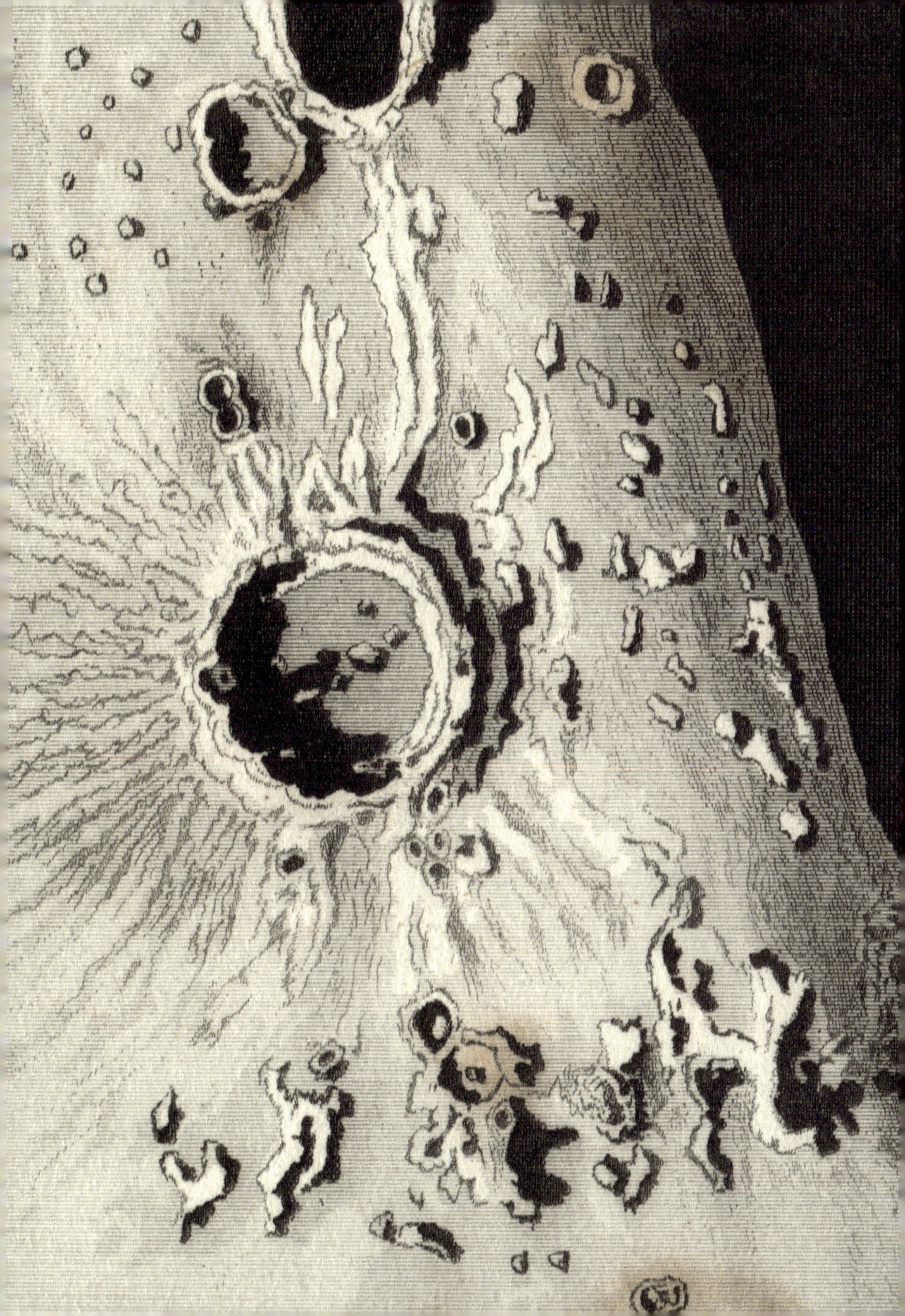

Ausgewählte Literatur

Aveni, Anthony: *People and the Sky: Our Ancestors and the Cosmos.* London 2008.
Ders.: *Empires of Time: Calendars, Clocks, and Cultures.* New York 1989.

Braun, Wernher von / Frederick I. Ordway III: *History of Rocketry and Space Travel.* New York 1975.
Anders, Günther: *Der Blick vom Mond: Reflexionen über Weltraumflüge.* München 1970.
Attlee, James: *Nocturne: A Journey in Search of Moonlight.* London 2011.
Bächtold-Stäubli / Hanns und Eduard Hoffmann-Krayer (Hg.): *Handwörterbuch des deutschen Aberglaubens.* Berlin 1987.
Bakich, Michael E.: *The Cambridge Planetary Handbook.* Cambridge 2000.
Berman, Bob: *Secrets of the Night Sky: The Most Amazing Things in the Universe You Can See with the Naked Eye.* New York 1995.
Ders.: *Shooting for the Moon: The Strange History of Human Spaceflight.* Guilford, Conn. 2007.
Bogard, Paul (Hg.): *Let There Be Night: Testimony on Behalf of the Dark.* Reno 2008.Boia, Lucian: *L'Exploration imaginaire de l'espace.* Paris 1987.
Brunner, Bernd: »Mit der Bombe zum Mond: Die Geschichte eines aberwitzigen Geheimplans«. ZEIT Geschichte 3/2012 (Der Kalte Krieg), S. 36f.
Brush, Stephen G.: *Fruitful Encounters: The Origin of the Solar System and of the Moon from Chamberlin to Apollo.* Cambridge 1996.

Calvino, Italo: *Sechs Vorschläge für das nächste Jahrtausend. Harvard-Vorlesungen.* München 1991.
Carcopino, Jérôme: *Rom. Leben und Kultur in der Kaiserzeit.* Stuttgart 1986.
Cashford, Jules: *Im Bann des Mondes. Mythen, Sagen und Legenden.* Köln 2003.
Clarke, Arthur C.: *The Promise of Space.* New York 1968.
Clements, William M. (Hg.): *The Greenwood encyclopedia of World Folklore and Folklife.* Westport, Conn. 2005.
Comins, Neil F.: *What if the Moon Didn't Exist? Voyages to Earths That Might Have Been.* New York 1993.
Crowe, Michael J.: *The Extraterrestrial Life Debate, 1750-1900: The Idea of a Plurality of Worlds from Kant to Lowell.* Cambridge 1986.

DeGroot, Gerard J.: *Dark Side of the Moon: The Magnificent Madness of the American Lunar Quest.* New York 2006.
Dewdney, Christopher: *Acquainted with the Night: Excursions Through the World After Dark.* London 2004.
Dolman, Everett C.: *Astropolitik: Classical Geopolitics in the Space Age.* London 2001.

Edinger, Stephan: *Literarische Reisen zu fernen Planeten. Eine ideengeschichtliche Untersuchung zur französischen Literatur des 19. Jhd.* Marburg 2005.
Ekirch, Roger A.: *In der Stunde der Nacht. Eine Geschichte der Dunkelheit.* Bergisch-Gladbach 2008.
Endres, Klaus-Peter / Wolfgang Schad: *Biologie des Mondes. Mondperiodik und Lebensrhythmen.* Stuttgart 2000.
Erba, Marta / Gianluca Ranzini / Daniele Venturoli: *Dalla luna alla terra. Mitologia e realtà degli influssi lunari.* Turin 2010.
Espírito Santo, Moisés: *Cinco mil anos de cultura a oeste. Etno-história da religião popular numa região da Estremadura.* Lissabon 2004.
Etzioni, Amitai: *The Moon-Doggle.* New York 1964.

Firsoff, Valdemar A.: *Strange World of the Moon: An Inquiry into Its Physical Features and the Possibility of Life.* New York 1960.
Flammarion, Camille: *Himmels-Kunde für das Volk.* Neuenburg 1907.
Foster, Russel G. / Leon Kreitzman: *Rhythms of Life: The Biological Clocks That Control the Daily Lives of Every Living Thing.* New Haven/London 2005.
Ders.: *Seasons of Life: The Biological Rhythms That Living Things Need to Thrive and Survive.* New Haven/London 2009.

Greco, Pietro: *L'astro narrante. La luna nella scienza e nella letteratura italiana.* Mailand 2009.
Grinsted, Daniel: *Die Reise zum Mond. Zur Faszinationsgeschichte eines medienkulturellen Phänomens zwischen Realität und Fiktion.* Berlin 2009.
Groschwitz, Helmut: *Mondzeiten. Zu Genese und Herkunft moderner Mondkalender.* Münster 2008.

Harrison, Mark: »From Medical Astrology to Medical Astronomy: Sol-lunar and Planetary Theories of Disease in British Medicine, c. 1700–1850«, in: *British Journal for the History of Science* 33 (2000), S. 25–48.
Harvey, Brian: *Russian Planetary Exploration: History, Development, Legacy, Prospects.* Berlin 2007.
Hearnshaw, John B.: *The Measurement of Starlight: Two Centuries of Astronomical Photometry.* Cambridge 1996.
Herz, Marcus: »Die Wallfahrt zum Monddoktor in Berlin«, in: *Berlinische Monatsschrift* (1783), S. 368–385.
Holmes, Richard: *The Age of Wonder: How the Romantic Generation Discovered the Beauty and Terror of Science.* London 2008.

Humboldt, Alexander von: *Kosmos. Entwurf einer physischen Weltbeschreibung*. Frankfurt a.M. 2004.

Johnson, Torrence V. (Hg.): *Encyclopedia of the Solar System*. San Diego 2007.

Kaku, Michio: *Abschied von der Erde: Die Zukunft der Menschheit*. Reinbek 2019.
Kelly, I. W. / James Rotton / Roger Culver: »The Moon Was Full and Nothing Happened: A Review of Studies on the Moon and Human Behavior and Human Belief«, in: Nickell, J. / B. Karr / T. Genoni (Hg.): *The Outer Edge*. Amherst, New York 1996.
Kemp, Martin: *Seen/Unseen: Art, Science, and Intuition from Leonardo to the Hubble Telescope*. Oxford 2006.
Kopal, Zdeněk / Robert W. Carder: *Mapping the Moon: Past and Present*. Dordrecht 1974.
Krupp, Edwin C.: *Beyond the Blue Horizon: Myths and Legends of the Sun, Moon, Stars, and Planets*. New York 1991.

Lauer, Christopher. »Ein Mann will nach oben« (Artikel über Wernher von Braun), in: *Frankfurter Allgemeine Sonntagszeitung* Nr. 1/2019, 6. Januar 2019.
Launius, Roger D.: *Frontiers of Space Exploration*. Westport, Conn. 2004.
Ders.: »American Spaceflight History's Master Narrative and the Meaning of Memory«, in: Dick, Stephen J. (Hg.): *Remembering the Space Age: Proceedings of the 50th Anniversary Conference*. Washington, D.C., 2008.

Mackenzie, Dana: *The Big Splat, or How Our Moon Came to Be: A Violent Natural History*. Hoboken 2003.
McCluskey, Stephen C.: »The Astronomy of the Hopi Indians«, in: *Journal for the History of Astronomy* 8 (1977), S. 174–195.
McCurdy, Howard E.: *Space and the American Imagination*. Washington, D.C., 1997.
McEvoy, Joseph P.: *Sonnenfinsternis: Die Geschichte eines Aufsehen erregenden Phänomens*. Berlin 2001.
Mindell, David A.: *Digital Apollo: Human and Machine in Spaceflight*. Boston 2008.
Montgomery, Scott L.: *The Moon and the Western Imagination*. Tucson 1999.
Moore, Patrick: *Patrick Moore on the Moon*. London 2001.
Ders.: *The Wandering Astronomer*. Bristol 2003.
Naylor, Ernest. *Moonstruck: How Lunar Cycles Affect Life*. Oxford 2015.
Neufeld, Michael J.: *Von Braun: Visionär des Weltraums - Ingenieur des Krieges. Biographie*. München 2009.
Nicolson, Marjorie Hope: *Voyages to the Moon*. New York 1948.
Nilsson, Martin: *Primitive Time-Reckoning: A Study in the Origins and First Development of the Art of Counting Time Among the Primitive and Early Culture Peoples*. Lund 1920.
North, John: *Cosmos: An Illustrated History of Astronomy and Cosmology*. Chicago 2008.
Nye, David E.: *American Technological Sublime*. Cambridge, Massachusetts. 1994.

Ordway III, Frederick I.: *Blueprint for Space: Science Fiction to* Fact. Washington, D.C., 1992.

Parrett, Aaron: *The Translunar Narrative in the Western Tradition*. Aldershot/Burlington 2004.
Periti, E. / R. Biagiotti: »Lunar Phases and Incidence of Spontaneous Deliveries: Our Experience«, in: *Minerva Ginecologica* 46 (1994), S. 429–433
Perkowitz, Sidney: *Hollywood Science: Movies, Science, and the End of the World*. New York 2007.
Plait, Philip C.: *Bad Astronomy: Misconceptions and Misuses Revealed, from Astrology to the Moon Landing »Hoax«*. New York 2002.
Poole, Robert: *Earthrise: How Man First Saw the Earth*. New Haven/London 2008.
Powell, James Lawrence: *Mysteries of Terra Firma: The Age and Evolution of the Earth*. New York 2001.
Proctor, Richard Anthony: *The Moon: Her Motions, Aspect, Scenery, and Physical Condition*. New York 1886.
Proust, Marcel: *Auf der Suche nach der verlorenen Zeit*. Frankfurt a.M. 2002.

Raison, Charles A. / Haven M. Klein / Morgan Steckler: »The Moon and Madness Reconsidered«, in: *Journal of Affective Disorders* 53 (1999), S. 99–106.
Robertson, Frances: »Science and Fiction: James Nasmyth's Photographic Images of the Moon«, in: *Victorian Studies* 48 (2006), S. 595–623.
Römer, Thomas / Vera Zingsem: *Wanderer am Himmel. Die Welt der Planeten in Astronomie und Mythologie*. Heidelberg 2014
Röösli, Martin et al.: »Sleepless Night, the Moon Is Bright: Longitudinal Study of Lunar Phase and Sleep«, in: *Journal of Sleep Research* 15 (2006), S. 149–153.

Schivelbusch, Wolfgang: *Geschichte der Eisenbahnreise: Zur Industrialisierung von Raum und Zeit im 19. Jahrhundert*. München 1977.
Spudis, Paul D.: *The Once and Future Moon*. Washington, D.C., 1996.

Stevenson, John: *Yoshitoshi's One Hundred Aspects of the Moon*. Leiden 2001.
Strassmann, Beverly I.: »The Biology of Menstruation in *Homo sapiens*: Total Lifetime Menses, Fecundity, and Nonsynchrony in a Natural Fertility Population«, in: *Current Anthropology* 38 (1997), S. 123–129.
Summers-Bremner, Eluned: *Insomnia: A Cultural History*. London 2008.

Taylor, Stuart Ross: »The Moon«, in: McFadden, Lucy-Ann / Paul R. Weissman / Torrence V. Johnson (Hg.): *Encyclopedia of the Solar System*. Science Direct. Amsterdam 2007.

Uglow, Jenny: *The Lunar Men: Five Friends Whose Curiosity Changed the Wo*rld. New York 2002.

Valiente, Doreen: *Where Witchcraft Lives*. London 1962.

Warshofsky, Fred: *The 21st Century: The New Age of Exploration*. New York 1969.
Watson, Peter: *Ideen: Eine Kulturgeschichte von der Entdeckung des Feuers bis zur Moderne*. München 2006.
Werth, Karsten: *Ersatzkrieg im Weltraum. Das US-Raumfahrtprogramm in der Öffentlichkeit der 1960er Jahre*. Frankfurt a.M. 2005.
Whitaker, Ewen Adair: *Mapping and Naming the Moon: A History of Lunar Cartography and Nomenclature*. Cambridge 1999.
Wolf, Werner: *Der Mond im deutschen Volksglauben*. Bühl 1929.

Abbildungen

Die mit (a) bezeichneten Abbildungen werden mit freundlicher Genehmigung von alamy stock veröffentlicht. Die mit (s) bezeichneten Abbildungen sind shutterstock entnommen. Alle weiteren Bilder sind, soweit nicht anders bezeichnet, aus Privatbesitz.

Namenregister

Dieses Buch basiert im Wesentlichen auf *Moon: A Brief History,* erschienen 2010 bei Yale University Press, New Haven und London. Der vorliegende deutsche Text ist eine grundlegend überarbeitete und aktualisierte Fassung des 2011 im Antje Kunstmann Verlag erschienenen Buches *Mond. Die Geschichte einer Faszination.*

Herausgeber: Gerd Wagner
Lektorat: Dr. Annalisa Viviani, München
Buchgestaltung: Helmut Brade und Andreas Richter
Umschlaggestaltung: AT Verlag
Umschlagbild: Vero/Fotolia

Schrift: Vendome 10 pt.
Papier: Salzer Touch Natural, 120 g/m²
Printed in Italy

Der AT Verlag, AZ Fachverlage AG,
wird vom Bundesamt für Kultur mit einem Strukturbeitrag
für die Jahre 2016–2020 unterstützt.

www.at-verlag.ch

ISBN 978-3-03800-036-5